AF531930

EUL
VERLAG

MARKETING, IT UND SOCIAL MEDIA

Herausgegeben von Prof. Dr. Stefanie Regier, Karlsruhe

Band 1
Patrick Akira Wisotzky
Digitale Kundenbindung
Lohmar – Köln 2001 • 138 S. • € 29,- (D) • ISBN 3-89012-918-8

Band 2
Barbara Fendt/Nora Bergfried
Virtuelle Marktplätze in der Textil- und Bekleidungsindustrie
– Eine Analyse ausgewählter B2B-Plattformen
Lohmar – Köln 2002 • 180 S. • € 37,- (D) • ISBN 3-89012-936-6

Band 3
Oliver Kübler
Ein Telekommunikationsanbieter als Servicedienstleister im B2B – Entwicklung neuer Dienstleistungsangebote am Beispiel der ISIS Multimedia Net GmbH
Lohmar – Köln 2002 • 144 S. • € 32,- (D) • ISBN 3-89012-944-7

Band 4
Jörn Schrödter
Kundenbindung im Internet
Lohmar – Köln 2003 • 120 S. • € 32,- (D) • ISBN 3-89936-069-9

Band 5
Kevin Krüger und Stefanie Regier
Marken in Social Networks – Eine empirische Untersuchung im Konsumgüterbereich
Lohmar – Köln 2012 • 148 S. • € 43,- (D) • ISBN 978-3-8441-0123-2

Band 6
Tobias Kopp und Jürgen Schöchlin
Die Arztpraxis der Zukunft – Ein ganzheitliches IT-Konzept zur Unterstützung der ambulanten Gesundheitsversorgung
Lohmar – Köln 2012 • 192 S. • € 39,- (D) • ISBN 978-3-8441-0144-7

Band 7
Stefanie Regier und Cengizhan Bulut
Co-Branding als strategische Option der Luxusmarkenführung
– Eine empirische Untersuchung
Lohmar – Köln 2012 • 180 S. • € 48,- (D) • ISBN 978-3-8441-0184-3

JOSEF EUL VERLAG

Reihe: Marketing, IT und Social Media · Band 7

Herausgegeben von Prof. Dr. Stefanie Regier, Karlsruhe

Prof. Dr. Stefanie Regier
Cengizhan Bulut

Co-Branding als strategische Option der Luxusmarkenführung

Eine empirische Untersuchung

Bibliografische Information der Deutschen Nationalbibliothek

Die Deutsche Nationalbibliothek verzeichnet diese Publikation in der Deutschen Nationalbibliografie; detaillierte bibliografische Daten sind im Internet über <http://dnb.d-nb.de> abrufbar.

ISBN 978-3-8441-0184-3
1. Auflage August 2012

JOSEF EUL VERLAG GmbH
Brandsberg 6
53797 Lohmar
Tel.: 0 22 05 / 90 10 6-6
Fax: 0 22 05 / 90 10 6-88
E-Mail: info@eul-verlag.de
http://www.eul-verlag.de

Bei der Herstellung unserer Bücher möchten wir die Umwelt schonen. Dieses Buch ist daher auf säurefreiem, 100% chlorfrei gebleichtem, alterungsbeständigem Papier nach DIN 6738 gedruckt.

VORWORT

Aktuelle Studien zeigen, dass sich – in Zeiten der wirtschaftlichen Unsicherheit – insbesondere Luxusmarken als rezessionsfest erweisen. So steigerten Louis Vuitton und Hermès aktuell ihren Markenwert deutlich, Prada feierte ein Comeback und Dior sowie Burberry stiegen neu in die Global-500-Rangliste ein. Dies sind die Ergebnisse der aktuellen Studie „Brand Finance(R) Global 500".

Dabei beobachtet man in jüngster Zeit häufig das Phänomen, dass Luxusunternehmen neue Produktkategorien für ihre Labels erschließen: Nicht selten geschieht dies unter Zuhilfenahme der sog. Co-Branding-Strategie, einer Kooperationsform zwischen zwei unterschiedlichen, rechtlich selbständigen Markenherstellern. Ferrari und Puma, Porsche und Siemens sowie Stella McCartney und adidas sind nur einige Beispiele für eine solche Kooperation zwischen zwei Marken.

Als Folge entsteht ein scheinbar neues, luxuriöses Produkt, das in der Regel aus der Produktkategorie der Partnermarke stammt. Vor diesem Hintergrund ist es von wesentlichem Interesse, inwieweit eine solche Kooperationsform Auswirkungen auf die beteiligten Marken hat und wie sich eine solche Verbindung auf das Co-Brand, also das dadurch neu entstandene Produkt, auswirkt. Zu diesem Zweck integriert die vorliegende Studie auf Basis der bisherigen Co-Branding-Forschung wesentliche Einflussfaktoren in ein Untersuchungsmodell.

Karlsruhe, im August 2012

Stefanie Regier
Cengizhan Bulut

INHALTSVERZEICHNIS

ABKÜRZUNGSVERZEICHNIS

Abb.	Abbildung
Abk.	Abkürzung
allg.	allgemein
Aufl.	Auflage
AVE	Avarage Variance Extracted
Bez.	Bezeichnung
bspw.	beispielsweise
bzgl.	bezüglich
bzw.	beziehungsweise
DEV	Durchschnittlich Erfasste Varianz
d.h.	das heißt
DIN	Deutsches Institut für Normung
Diss.	Dissertation
dt.	deutsch
engl.	englisch
et al.	et alii (lateinisch: *und andere*)
etc.	et cetera
f.	folgende Seite
ff.	fortfolgende Seiten
FR	Faktorreliabilität
franz.	französisch
ggf.	gegebenenfalls
ggü.	gegenüber
H	Hypothese
Hrsg.	Herausgeber
i.d.R.	in der Regel
i.S.v.	im Sinne von
i.w.S	im weitesten Sinne
Jg.	Jahrgang

TABELLENVERZEICHNIS

derten zusätzlich die Nachfrage nach Luxusgütern.[6] Der Anstieg des verfügbaren Einkommens der privaten Haushalte in Deutschland schaffte die materielle Voraussetzung, die es einer wachsenden Anzahl von Nachfragern erlaubte, hochpreisige Luxusmarken zu erstehen. Vom kurzen Umsatzeinbruch durch die Ende 2000 einsetzende, weltweite Rezession hat sich der Luxussektor längst wieder erholt.[7] So hatte zum Beispiel der weltgrößte Luxuskonzern LVMH (Louis Vuitton Moët Hennessy) seinen Nettogewinn von Ende 2002 bis 2004 von 556 Millionen auf 1,4 Milliarden Euro fast verdreifacht.[8] Nach dem Krisenjahr 2009 erwirtschaftete der Konzern sogar ein zweistelliges Umsatzwachstum und erzielte im Geschäftsjahr 2011 einen beeindruckenden Gewinn von 3,07 Milliarden Euro.[9]

Zum anderen erscheint aus soziologischer Perspektive die grundsätzlich gewandelte Funktion des Konsums eine weitere Erklärung für die zunehmende Bedeutung des Luxus zu liefern. So versuchen die Konsumenten mit dem Kauf und Besitz von Luxusmarken ihre Persönlichkeit und das eigene Wertesystem auszudrücken.[10] Die wohlhabender gewordene Mittelschicht leistet sich immer mehr Luxusgüter und möchte auf diese Weise Prestige und Status demonstrieren; dadurch bilden sie für die Unternehmen eine wünschenswerte Zielgruppe. Die Luxusunternehmen versprechen sich große Umsätze mit dieser Schicht und positionieren Premiummarken mit ihrem Luxuslabel in neuen Produktkategorien.[11]

In diesem Zusammenhang findet man in jüngster Vergangenheit des Öfteren so genannte Co-Branding-Produkte; hierbei erstellen mindestens zwei Unternehmen ein gemeinsames Produkt und versehen es mit ihren Marken. So deuten Konsumenten die Markierung eines Produktes mit zwei verschiedenen

6 Vgl. Meffert/Lasslop (2004), S. 929.
7 Vgl. Valtin (2005), S. 2.
8 Vgl. o.V. (2005a), S. 5 ff.
9 Vgl. o.V. (2011), o. S.
10 Vgl. Twitschell (2002), S. 6.
11 Vgl. Vishvanath/Mark (1997), S. 31 ff.; Haas (2002), S. 39.

Markennamen als Signal für eine bessere Qualität im Hinblick auf nicht beobachtbare Produkteigenschaften.[12] Aufgrund der vielen Vorteile einer gemeinsamen Produkteinführung nutzen immer mehr Unternehmen diese Strategie und konfrontieren den Kunden mit einer wachsenden Anzahl von Co-Brandings:[13] McDonald's und Smarties (McFlurry-Eis), Mini und Puma (Auto im Puma-Design), Phillips und Nivea (Elektrorasierer), Braun und Oral-B (elektrische Zahnbürste) und Phillips und Nike (MP3-Player) sind nur einige aktuelle Beispiele. In den letzten Jahren haben auch immer mehr Luxusmarken Gefallen am Co-Branding gefunden und sind Kooperationen mit Marken eingegangen, die nicht aus dem Luxussektor kommen. Beispiele hierfür sind: Jil Sander und Puma (Schuhe), Ferrari und Puma (Schuhe), Porsche und Siemens (Haushaltsgeräte), Stella McCartney und adidas (Sportbekleidung) sowie Armani und Mercedes (Auto im Armani Design). Obwohl das Eingehen einer Kooperation mit einer anderen Marke viele positive Auswirkungen haben kann (Kostenreduzierung, Lizenzeinnahmen, Imagetransfer), birgt solch ein Vorhaben auch gewisse Risiken, wie etwa ein Fehlverhalten des Partners, Markenverwässerung oder negative Rückwirkungen auf die Ausgangsmarke.[14]

Vor diesem Hintergrund erfährt die Etablierung und Führung von Luxus- und Premiummarken ein steigendes Interesse in Wissenschaft und Praxis. Durch die Zunahme von Luxusmarken-Co-Brands soll im Rahmen dieser Untersuchung der Frage nachgegangen werden, wie diese Luxusmarken im Co-Branding auf die Partnermarken wirken und ob eine Übertragung des luxuriösen Images auf das Co-Brand aus Sicht der Konsumenten stattfindet. Dabei stellt sich auch die Frage, ob durch das Co-Branding mit einer „normalen" oder „schwächeren" Marke das Image einer Luxusmarke Schaden nimmt. So sollen in dieser Studie Wechselwirkungen des Markenimages von Luxusmarken und Marken beim Co-Branding sowie das durch die Kooperation der Partner entstehende Image für das Co-Brand-Produkt analysiert werden.

---

[12] Vgl. Rao/Qu/Ruekert (1999), S. 258.
[13] Vgl. Baumgarth (2004), S. 239.
[14] Vgl. Baumgarth (2003a), S. 4; Baumgarth (2004), S. 240.

In diversen Untersuchungen wurden Markenkongruenz bzw. Markenfit als bedeutende Erfolgsfaktoren eines Co-Brandings identifiziert.[15] Da viele Luxusmarken auch Co-Brandings in aus ihrer Sicht neuen Produktkategorien eingehen, stehen die Konstrukte Transferfit und Produktfit im Zentrum des Interesses. Weiterhin soll geklärt werden, ob sich durch die Partnerschaft mit einer Luxusmarke das Image des Co-Brand-Produktes verbessert und inwiefern sich dies auf die Preisbereitschaft der Nachfrager auswirkt.

Die Vorgehensweise dieses Beitrags gestaltet sich wie folgt: Nachdem in dieser Einleitung die Relevanz und die Schwerpunkte des Themas erläutert wurden, stehen in Kapitel 2 die begrifflichen und theoretischen Grundlagen im Zentrum des Interesses. Hierbei werden zunächst „Marke“ und „Luxus“ und darauf aufbauend die Luxusmarke erläutert; anschließend wird die Marketingstrategie Co-Branding vorgestellt. Auf der Grundlage dieser Ausführungen erfolgt in Kapitel 3 die Formulierung von Hypothesen über die Wirkungszusammenhänge in einem Modell. In diesem Modell werden die Determinanten Markenimage, Preisbereitschaft, Markenkongruenz, Produktfit und Transferfit mit dem Co-Branding-Image verbunden und ihre Wirkung auf das Zielkonstrukt Kaufabsicht analysiert. Kapitel 4 dient der Überprüfung der postulierten Zusammenhänge sowie der Gültigkeit des Erklärungsmodells. Hierzu wird eine geeignete Forschungsmethode für die Operationalisierung der latenten Modellkonstrukte gewählt. Danach folgt eine Beurteilung der Schätzgüte des zu untersuchenden Hypothesengefüges. Des Weiteren werden die Studienergebnisse dargestellt und interpretiert sowie aus den Untersuchungsergebnissen konkrete Handlungsempfehlungen für die Marketingpraxis und die Marketingwissenschaft abgeleitet. Den Abschluss bildet in Kapitel 5 eine Zusammenfassung und Schlussbetrachtung der zentralen Erkenntnisse dieser Untersuchung. Abbildung 1 illustriert die beschriebene Vorgehensweise.

[15] Vgl. Lafferty/Goldsmith/Hult (2004), S. 522; Simonin/Ruth (1998), S. 36.

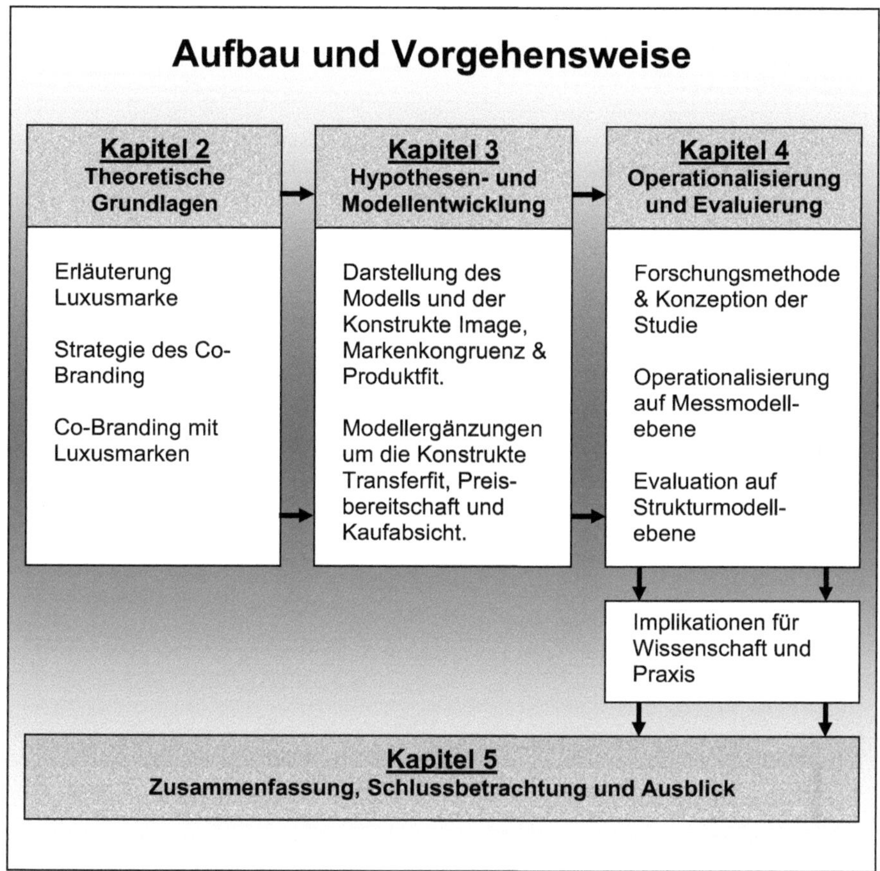

Abbildung 1: Aufbau und Vorgehensweise der Studie zu Co-Branding bei Luxusmarken

Quelle: eigene Darstellung.

2 Grundlagen zum Co-Branding bei Luxusmarken

2.1 Zum Begriff Luxusmarke

2.1.1 Begriff, Historie und Definition der Marke

Das Wort ‚Marke' leitet sich vermutlich vom mittelhochdeutschen ‚marc' ab, was so viel wie Grenze oder Grenzlinie bedeutet. Das frz. Kaufmannswort ‚marque' hingegen wurde schon für ein auf einer Ware angebrachtes Zeichen verwendet und weist damit bereits auf die noch heute gebräuchliche Interpretation des Wortes hin.[16] Die Bedeutung der Marke und damit auch der Markenpolitik verdeutlicht die Tatsache, dass heute eine Vielzahl von Geschäftsberichten großer Unternehmen auch eine Angabe zum Markenwert enthält. Dieser beträgt bei zahlreichen US-Unternehmen inzwischen mehr als die Hälfte des Börsenwertes, so macht beispielsweise der Markenwert der Burgerkette McDonalds ganze 96 Prozent der Börsenkapitalisierung von 85 Millionen USD aus, Google folgt mit einem Markenwert, der gut zwei Drittel des Börsenwertes aufweist.[17] Der Grund hierfür ist darin zu sehen, dass Erfolgskennziffern starker Marken weit über denen von schwachen Marken liegen; sie ermöglichen u.a. höhere Absatzmengen und die Realisierung eines Preispremiums.[18] Marken haben also einen hohen immateriellen Wert für Unternehmen. Seit den Anfängen einer systematischen Erforschung der Markenpolitik herrscht Unklarheit über den Begriff Marke sowie angrenzende und zum Teil synonym verwendete Begriffe wie Markenartikel, markierte Ware oder Markenzeichen.[19] Diese Unklarheit basiert zum einen auf der unterschiedlichen Herkunft der Forscher und Praktiker und zum anderen aus der zeitlichen Entwicklung, die zu einem veränderten Markenbegriff führte.[20] Aus diesem Grund erscheint es zweckmäßig, einen Blick auf die zeitliche Entwicklung des Markenverständnisses zu werfen.

---

[16] Vgl. Koppe (2003), S. 5; Kluge (1975), S. 462.
[17] Vgl. Hahn (2011), o. S.; Bruhn (2004), S. 5.
[18] Z. B. sind Miele Waschmaschinen ca. 70% teurer als die der Konkurrenz; vgl. Esch (2002a), S. 9.
[19] Vgl. Schweiger/Schrattenecker (1995), S. 169 f.
[20] Vgl. Baumgarth (2001a), S. 2.

Zu Beginn des 20. Jahrhunderts herrschte das Verständnis vor, dass eine Marke durch den bloßen Vorgang der Kennzeichnung entsteht, wobei die Markierung von Produkten in erster Linie als Eigentumskennzeichnung und Herkunftsnachweis diente.[21] Daraus entwickelte sich später das klassische Markenartikelkonzept, welches die Zusicherung einer hohen Warenqualität, die gleichartige Aufmachung, die Verfügbarkeit in allen wichtigen Handelsgeschäften, die durch Werbung aufgebaute hohen Bekanntheit sowie eine Preisgleichheit als Schlüsselfaktoren des Markenartikels postulierte.[22] Dies entspricht einer sehr weit gefassten Definition der Marke,[23] weil die Einteilung der Waren dadurch nur allgemein in anonyme und markierte Produkte vorgenommen wird.[24] Diesem Konzept folgte der merkmalsbezogene bzw. instrumentelle Ansatz, da sich durch die alleinige Markierung der Ware nicht automatisch der absatzwirtschaftliche Erfolg einstellte.[25] Als repräsentativ für dieses Konzept gilt die Definition des Markenartikels von Mellerowicz, wonach Markenartikel „...für den privaten Gebrauch geschaffene Fertigwaren sind, die in einem größeren Absatzraum, unter einem besonderen, die Herkunft kennzeichnenden Merkmal (Marke), in einheitlicher Aufmachung, gleicher Menge sowie gleichbleibender oder verbesserter Güte erhältlich sind und sich dadurch sowie durch die für sie betriebene Werbung die Anerkennung der beteiligten Wirtschaftskreise (Verbraucher, Händler und Hersteller) erworben haben."[26] Nach dieser Definition bezieht sich der Merkmalskatalog auf physisch fassbare Konsumgüter, während Dienstleistungen, Investitionsgüter oder gar Vorprodukte nach dem damaligen Verständnis grundsätzlich nicht als Marken gelten.[27] Diese Schwäche führte zur Abkehr von der Vorstellung, dass es sich bei einem Markenartikel um eine typische Warenform handelt,[28] und erklärte die Merkmale des Markenartikels mit Hilfe typischer Marketinginstru-

---

[21] Vgl. Meffert/Burmann (1996), S. 373; Meffert (2000), S. 846.
[22] Vgl. Domizlaff (1951), S. 31 f.
[23] Vgl. Findeisen (1924), S. 32.
[24] Vgl. Leitherer (1955), S. 540.
[25] Vgl. Sander (1994), S. 35.
[26] Mellerowicz (1963), S. 39.
[27] Vgl. Meffert/Burrmann (1996), S. 373.
[28] Vgl. Huber (2004), S. 46 f.

mente. Unter einer Marke verstand man nun nicht länger ein Bündel konkreter, objektiver Produkteigenschaften, sondern vielmehr ein geschlossenes Absatzsystem, welches ein unverwechselbares Image sowie einen hohen Bekanntheitsgrad schafft.[29] Anschließend wurde der wirkungsorientierte Ansatz propagiert, bei dem der Verbraucher in den Mittelpunkt rückt. Der attributive und statische Produktbezug wurde durch eine dynamische, am Konsumenten ausgerichtete Sichtweise ersetzt;[30] somit konnte der Konsument entscheiden, was als Markenartikel zu gelten hat und was nicht.[31] Dadurch werden nur diejenigen Produkte und Dienstleistungen als Markenartikel bezeichnet, welche die Konsumenten auch tatsächlich als solche wahrnehmen.[32]

Ansatz	Zeitrahmen	Markenverständnis	Quelle
Klassisches Markenartikelkonzept	Mitte 19. bis Anfang 20. Jh.	konstante Warenqualität, gleichartige Aufmachung, Vertrieb in überregionalem Markt	Domizlaff (1939)
Merkmalsbezogener /instrumenteller Ansatz	bis Mitte der 60er Jahre	bezieht sich auf physisch fassbare Konsumgüter; Dienstleistungen= keine Marken	Mellerowicz (1963)
Funktionsorientierter Ansatz	bis Mitte der 70er Jahre	geschlossenes Absatzsystem für größtmögliche Kundennähe	Hansen (1970)
Wirkungsbezogener Ansatz	bis Ende der 80er Jahre	nachfrageorientierte subjektive Begriffsauffassung; Dienstleistungen= Marken	Berekoven (1978)
Fraktaler Ansatz	heute	Mythos repräsentiert den Kern einer Marke	Gerken (1994)
Identitätsorientierter Ansatz	heute	Marke wird v.a. unter sozialpsychologischen Aspekten betrachtet.	Aaker (1996), Kapferer (1992)

Tabelle 1: Überblick über die Ansätze des Markenverständnisses
Quelle: eigene Darstellung in Anlehnung an Huber (2004), S. 49.

Das heutige Markenverständnis wird von dem fraktalen und dem identitätsorientierten Ansatz geprägt. Beim fraktalen Ansatz spielen die Grundprinzipien der Markenführung lediglich eine untergeordnete Rolle und ein Mythos reprä-

[29] Vgl. Alewell (1974), Sp. 1218 f.
[30] Vgl. Bauer/Huber (1997), S. 2.
[31] Vgl. Sander (1994), S. 39.
[32] Vgl. Berekoven (1978), S. 43.

sentiert den Kern einer Marke;[33] im identitätsorientierten Ansatz wird die Marke vor allem unter sozialpsychologischen Aspekten betrachtet.[34] Tabelle 1 gibt einen zeitlichen Überblick über die dargestellten Ansätze.

Eine aktuelle Definition der Marke nach Bruhn lautet wie folgt:[35]

> „Als Marke werden Leistungen bezeichnet, die neben einer unterscheidungsfähigen Markierung durch ein systematisches Absatzkonzept im Markt ein Qualitätsversprechen geben, das eine dauerhaft werthaltige, nutzenstiftende Wirkung erzielt und bei der relevanten Zielgruppe in der Erfüllung der Kundenerwartungen einen nachhaltigen Erfolg im Markt realisiert bzw. realisieren kann".

Bevor im Folgenden näher auf den Luxusmarken-Begriff eingegangen wird, soll zunächst der Begriff „Luxus" erläutert und definiert werden.

2.1.2 Begriff, Historie und Definition des Luxusbegriffs

Der Begriff „Luxus" weist eine 2000 Jahre zurückreichende Geschichte auf und wird in der einschlägigen Literatur immer wieder kontrovers diskutiert; aus diesem Grund existieren auch aktuell noch zahlreiche unterschiedliche Definitionen von Luxus.[36]

Die Schwierigkeit des Terminus „Luxus" liegt darin, dass er zugleich ein Konzept, ein subjektives Empfinden sowie eine unterschwellige moralische Kritik zum Ausdruck bringt.[37] Die Einstellung zum Luxus ist für die meisten Menschen komplex und ambivalent:[38] Einerseits ist Luxus mit der Bewunderung und dem Begehren für die Technik oder der Ästhetik eines gewissen Objektes verbunden, andererseits assoziiert man mit Luxus häufig Übermäßigkeit und

[33] Vgl. Huber (2004), S. 48 f.; Gerken (1994).
[34] Vgl. Huber (2004), S. 48 f.; Aaker (1996); Kapferer (1992).
[35] Bruhn (2004), S. 21.
[36] Vgl. Grugel-Pannier (1996), S. 17 ff.; Berry (1994), S. 28 ff.
[37] Vgl. Kapferer (2001), S. 347.
[38] Vgl. Dubois/Laurent/Czellar (2001), S. 3; Valtin (2005), S. 19.

Verschwendung.[39] Luxus ist „über die griechisch-römischen Antike bis zum Beginn der Neuzeit als ein schichtspezifisches Kennzeichen“[40] zu verstehen, das die jeweiligen Herrscher von ihren Untergebenen trennte.

Etymologisch kann der Luxusbegriff zum einen vom lateinischen Wort „lux“ abgeleitet werden, was „Licht“ oder „Helligkeit“ bedeutet und somit auf den Glanz der Luxusobjekte hinweist.[41] Zum anderen kann Luxus von den lateinischen Wörtern „luxus“ und „luxuria“ hergeleitet werden. Die Grundbedeutung bei diesen beiden Wörtern ist in etwa dieselbe und meint die Abweichung vom Geraden, Normalen bzw. normalen Maß.[42] Der Wortinhalt dieser beiden Begriffe deckt jedoch ein breiteres Bedeutungsspektrum ab als der Luxusbegriff im heutigen Sprachgebrauch. Luxus bedeutet neben einer über die Maßen ausschweifenden Lebensweise auch Pracht und Glanz.[43] Im Vergleich zu dem Wort „Luxus“ ist das Bedeutungsspektrum von „Luxuria“ umfassender und differenzierter:[44] Genusssucht, Ausschweifung, Verschwendungssucht, geschlechtliche Ausschweifung, üppiges Wachstum, reiche Fülle, Überfluss, Ausgelassenheit und übermütiges Leben.[45] Sowohl „luxus“ als auch „luxuria“ dienten in den vergangenen Jahrhunderten als Ursprung für die Definition des Luxusbegriffs.[46] Jedoch hat der Luxusbegriff im Laufe der Zeit seine absolute und äußerst negative Deutung verloren und ist zu einer Bezeichnung für „(...) den Aufwand geworden, der über das Notwendige, d.h. das allgemein als notwendig anerkannte Maß der Anspruchsbefriedigung bzw. den durchschnittlichen Lebensstandard, hinausgeht.“[47] Hierbei stellte sich Mutscheller jedoch die Frage, (...) „was das Notwendige ist und wer festlegt, was heute, morgen oder in 50 Jahren in Deutschland, Europa, der dritten Welt etc. notwendig

39 Vgl. Dietz (2002), S. 2.
40 Pöll (1980), S. 9.
41 Vgl. Kapferer (2001), S. 348.
42 Vgl. Mühlmann (1975), S. 22.; Grugel-Panier (1996), S. 18 f.
43 Vgl. Mühlmann (1975), S. 22 ff.
44 Vgl. Grugel-Pannier (1996), S. 35.
45 Vgl. Marbach (1947), S. 5; Mühlmann (1975), S. 27 f.
46 Vgl. Valtin (2005), S. 20 f.
47 Kambli (1890), S. 23; Vgl. Sombart (1996), S. 85; Sommerlad (1925), S. 446; Mühlmann (1975), S. 69 ff.

ist."[48] Diese Frage veranschaulicht, dass Luxus sowohl ein subjektiver als auch ein relativer Begriff ist. Was für den einen schon Luxus ist, empfindet ein anderer als notwendiger Standard.[49] Die Relativität zeigt sich in der Abhängigkeit der Luxusgüter von Zeit und Ort.[50] In den Industrieländern galten vor 50 Jahren ein Auto oder ein Fernseher als Luxusgüter, wohingegen diese heute den Status nicht mehr haben.[51] Das ehemalige Luxusgut hat sich im Laufe der Zeit zu einem Massenprodukt und Alltagsgut gewandelt.[52]

Somit kann der Luxusbegriff erst konkretisiert werden, wenn das Notwendige, subjektiv und relativ zum gesellschaftlichen Kontext, bekannt ist.[53] Unter dieser Voraussetzung unterscheidet Sombart zwischen quantitativem und qualitativem Luxus. Der quantitative Luxusbegriff wird aus ethisch-religiöser mit überwiegend negativen Inhalten wie Vergeudung, Übermäßigkeit, Ausschweifung, Prunk und Protzerei assoziiert; beim qualitativen Luxus findet eine positive Assoziation statt, wie etwa die Verwendung besserer, verfeinerter Güter, guter Geschmack und Eleganz.[54] Vom qualitativen Luxus kann der Begriff Luxusgut (= „verfeinertes Gut") abgeleitet werden;[55] Berry sieht in den Luxusgütern die veredelte Form von universellen Grundbedürfnissen nach Nahrung, Kleidung, Freizeit und einer Behausung.[56]

2.1.3 Übertragung der Definitionen auf Luxusmarken

In den vorangegangen Kapiteln wurde zunächst die Marke und anschließend der Begriff Luxus erläutert. An dieser Stelle wird die Zusammenführung beider

48 Mutscheller (1992), S. 64.
49 Vgl. Kapferer (2001), S. 347.
50 Vgl. Braun (1997), S. 28; Lasslop (2002), S. 331, Valtin (2005), S. 21.
51 Vgl. Lasslop (2005), S. 473; Jäckel/ Kochhan (2000), S. 76.
52 Vgl. Pöll (1980), S. 12.
53 Vgl. Valtin (2005), S. 21.
54 Vgl. Sombart (1996), S. 85.
55 Vgl. Alleres (1993), S. 14 ff.
56 Vgl. Berry (1994), S. 13 ff.; Dubois/Czellar (2002), S. 4.

Begriffe vollzogen und die Bezeichnung „Luxusmarke“ definiert und abgegrenzt.

Trotz vieler weltweit erfolgreicher Luxusmarken findet sich bisher keine einheitliche Definition des Begriffs Luxusmarke.[57] Nach Kapferer (2001) zeichnet sich eine Luxusmarke durch eine herausragende Besonderheit aus und „...ist Zeugnis eines nach innen gerichteten Projektes, in der sich ein schöpferischer Wille ausdrückt.“[58] Durch ihre Einzigartigkeit und Besonderheit beschreibt die Luxusmarke vor allem die herausgehobene Position markierter Produkte innerhalb einer Kategorie,[59] während der Begriff Luxusgut zu einer Abstufung von Produktkategorien benutzt wird.[60] So galten in früherer Zeit Herrenanzüge, Armbanduhren, Automobile und TV-Geräte als Luxusgüter, seit geraumer Zeit jedoch zählen sie eher zu Alltagsgütern.[61] Auch wenn diese Produktkategorien nicht mehr als Luxusgüter angesehen werden, so handelt es sich trotzdem bei Armani-Anzügen, Rolex-Uhren und Rolls-Royce-Automobilen um Luxusmarken. In diesem Zusammenhang unterscheidet die einschlägige Literatur zwischen der angebotsorientierten und der nachfrageorientierten Klassifizierung. Werden Luxusmarke und Luxusgut synonym verwendet, so hat dies zur Folge, dass die angebotsorientierte Klassifizierung einer Marke primär von der Produktkategorie abhängt.[62] So sind nach Kapferer (2001) Marken wie beispielsweise Dior zum Teil Luxusunikate (z. B. Haute Couture-Kleid), zum Teil Luxusmarke (z. B. Pret à Porter-Mode) und schließlich zum Teil auch Premiummarke (z. B. Parfums, Kosmetik, Uhren, Accessoires etc.).[63] Abbildung 2 stellt die eben beschriebene, angebotsorientierte, hierarchisch gegliederte Klassifizierung der verschiedenen Markenebenen dar.

---

57 Vgl. Valtin (2005), S. 27.
58 Kapferer (2001), S. 347.
59 Vgl. Meffert/Lasslop (2003), S. 4.
60 Im Zuge der Massenproduktion und steigender Einkommen haben sie jedoch an Exklusivität verloren; vgl. Lasslop (2005), S. 473; Kisabaka (2001), S. 120.
61 Vgl. Bearden/Etzel (1982), S. 183 ff.
62 Vgl. Lasslop (2005), S. 473.
63 Vgl. Kapferer (2001), S. 351.

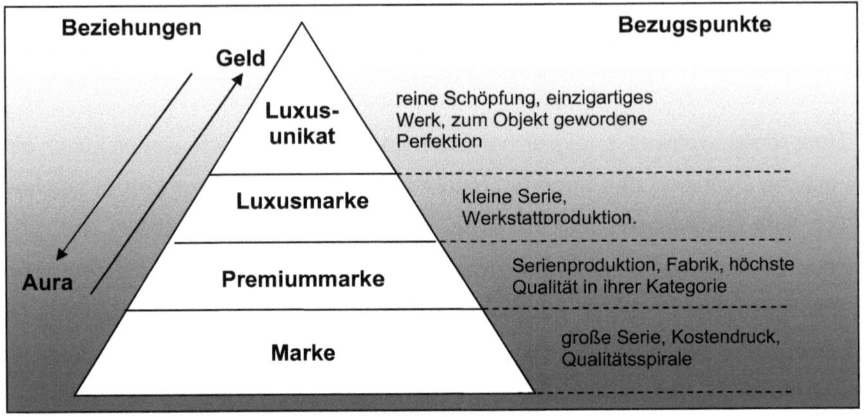

Abbildung 2: Das System des Luxus
Quelle: Kapferer (2001), S. 352.

Während man unter einem Luxusunikat (oft auch als „griffe“[64] bezeichnet) ein einmaliges, von einem Schöpfer kreiertes, handgefertigtes Objekt höchster Perfektion versteht, symbolisiert die Luxusmarke ein Produkt, das in kleinen Serien – ebenfalls überwiegend in Handarbeit – in sog. Manufakturen gefertigt wird. Auch die Luxusmarke befindet sich – sowohl im Hinblick auf Qualität als auch auf Ästhetik – auf höchstem Niveau. Die Premiummarke ist im Vergleich zur Luxusmarke breiter distribuiert und dadurch auch für eine breitere Konsumentenschicht gedacht; im Vergleich zur herkömmlichen Marke ist die Premiummarke teurer und qualitativ hochwertiger.[65]

Das Bestehen der Marken im Portfolio eines Unternehmens hängt häufig davon ab, die sog. „Aura“ und das Image des Luxusunikats bzw. der Luxusmarken auf die Premium- und die Basismarken zu übertragen und auf dieser breiten Ebene einen großen Gewinn zu erzielen.[66] Der erzielte Gewinn sollte dann in die Imagepflege von Luxusmarken und Luxusunikate investiert werden, um den Ausstrahlungseffekt auf die Premium- und Basismarken weiterhin

64 Im deutschen existiert kein Äquivalent zum franz. Wort „Griffe“. Es lässt es sich übersetzten als ein handgearbeitetes Werk, welche einzigartig und unübertrefflich ist; vgl. Kapferer (2001), S. 348.
65 Vgl. Valtin (2005), S. 28.
66 Vgl. Kapferer (2001), S. 352.

zu gewährleisten. So gilt paradoxerweise, dass man die Ausstrahlung einer Marke umso mehr erhalten muss, je häufiger diese Marke gekauft wird.[67] Ansonsten drohen die Überdehnung und die Banalisierung der Luxusmarke; d.h. der Wert und das Image könnten durch den Serienvertrieb sinken.[68]

Im Gegensatz zu der oben dargestellten angebotsorientierten Klassifizierung unterbleibt bei der nachfrageorientierten (oder auch wirkungsorientierten) Perspektive eine explizite Unterscheidung zwischen Marke und der unter ihr vermarkteten Produkte. Die Kategorisierung als Luxusmarke erfolgt losgelöst von der Produktkategorie durch eine ganzheitliche Beurteilung des abstrakten Markenkerns.[69] So drücken laut Dubois/Paternault alle Produkte von Porsche – egal ob Autos, Uhren oder Kugelschreiber – dieselbe symbolische Identität und Wertvorstellung des Porsche-Mythos aus.[70] In diesem Zusammenhang identifizieren die Autoren sechs Faktoren, die den wahrgenommenen Kern einer Luxusmarke aus Sicht der Kunden ausmachen (vgl. Tabelle 2):

1. Hoher Preis	sowohl absolut als auch relativ zu anderen Marken derselben Produktkategorie
2. Exzellente Qualität	bzgl. verwendeter Materialien und der wahrgenommenen oder vermuteten hohen Sorgfalt bzgl. der Verarbeitung
3. Einzigartigkeit	die sich im Eindruck einer schweren Erhältlichkeit bzw. Knappheit widerspiegelt
4. Ästhetik	führt mit Hilfe von Formgebung, Farbe etc. zu einem alle Sinne ansprechenden Erlebnisnutzen
5. Historie	kontinuierlicher Markenauftritt im Design, der Kommunikation etc.
6. Nicht-Notwendigkeit	Dominanz von symbolischen gegenüber technisch- funktionalen Eigenschaften

Tabelle 2: Der Kern einer Luxusmarke aus Konsumentensicht
Quelle: Dubois/Laurent/Czellar (2001).

67 Vgl. Kapferer (2001), S. 352.
68 Vgl. Kapferer (2001), S. 356.
69 Vgl. Meffert/Lasslop (2003), S. 4 f; Valtin (2005), S. 29.
70 Vgl. Dubois/Paternault (1995), S. 71.

In Kombination erzeugen diese sechs Dimensionen einen besonderen ideellen Nutzen für den Konsumenten. Diese können nämlich durch den Kauf von Luxusmarken sowohl ihre eigene Wertvorstellungen als auch die Zugehörigkeit zu einer sozialen Gruppe sowie Status und Prestige[71] nach außen demonstrieren.[72]

Die Luxusmarke lässt sich auf Basis dieser beiden Klassifizierungen, vereinfacht durch die angebotsorientierte Dimension ‚Preisstellung' und die wirkungsorientierte (nachfrageorientierte) Dimension ‚Dominierende Markenfunktion', gegenüber alternativen Optionen im vertikalen Markenwettbewerb – wie etwa (Premium-) Handelsmarken[73] und (Premium-) Herstellermarken[74] – abgrenzen (vgl. Abbildung 3).[75]

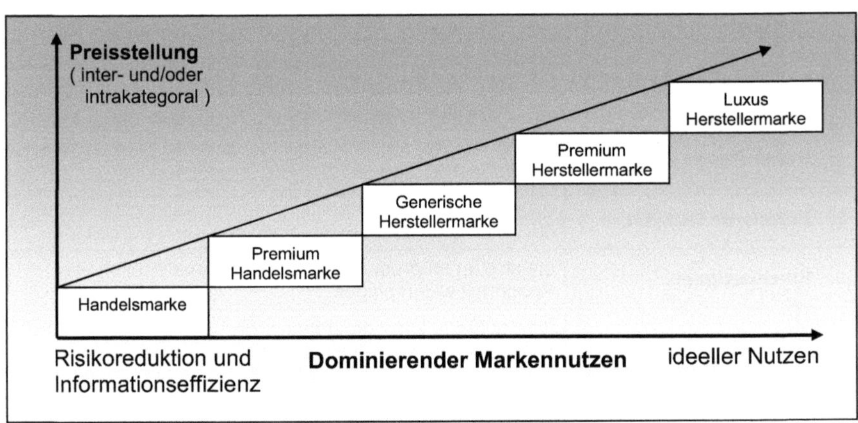

Abbildung 3: Abgrenzung der Optionen im vertikalen Marketing
Quelle: Meffert/Lasslop (2004), S. 933.

[71] An dieser Stelle sei auch die populäre Kritik von Veblen (1857-1929) angemerkt, der als Hauptantrieb des menschlichen Handelns das Streben nach Sozialprestige identifiziert. Konsum werde instrumentalisiert, um bei anderen Menschen Neid zu erzeugen, sich vor ihnen auszuzeichnen und abzugrenzen. Luxusgüter kommunizieren Reichtum und dienen somit dem Prestigeerwerb; vgl. Veblen (1998), S. 68 ff.

[72] Vgl. Lasslop (2005), S. 475.

[73] Als Handelsmarken bezeichnet man die Eigenmarken, unter denen Einzelhändler wie REWE oder Discounter, wie etwa Lidl, Penny oder Aldi, ihre Produkte auf den Markt bringen; vgl. Meffert (2000), S. 870.

[74] Als Herstellermarken werden die Marken bezeichnet, unter denen Hersteller ihre Markenartikel gegenüber dem Endkunden präsentieren; vgl. Nieschlag/Dichtl/Hörschgen (2002), S. 676.

[75] Vgl. Meffert/Lasslop (2004), S. 932.

Die Luxusmarke definiert sich folglich als ein in den Herzen und Köpfen der Konsumenten fest verankertes Vorstellungsbild, dass sich aufgrund eines spezifisch ausgestalteten Angebotssystems in spezifischen Merkmalen (hoher Preis, exzellente Qualität, Einzigartigkeit, Ästhetik, Historie, Nicht-Notwendigkeit) und der daraus resultierenden Dominanz der ideellen Markenfunktion ausdrückt.[76] Der Konsument nimmt somit einen weit überdurchschnittlich hohen Gesamtnutzen wahr. Die Kategorisierung als Luxusmarke ist dabei stets relativ, d.h. interpersonell und situativ unterschiedlich sowie zeitlich nicht konstant.[77] In dem vorliegenden Beitrag soll verstärkt auf die nachfrage- bzw. wirkungsorientierte Perspektive der Luxusmarke zurückgegriffen werden, da ein Ziel der Studie die empirische Überprüfung der Wirkung einer Luxusmarke aus Nachfragersicht ist.

2.1.4 Funktionen, Wert und Wirkung von Luxusmarken

Herkömmliche Marken erfüllen wichtige Funktionen für Anbieter und Nachfrager gleichermaßen. Dem Konsumenten erleichtert die Marke die Identifikation von markierten Leistungen und gibt eine Orientierung bei der Auswahl von Produkten; des Weiteren wird der Marke aufgrund ihrer Bekanntheit Vertrauen geschenkt.[78] Eine Marke soll zudem mit Qualität in Verbindung gebracht werden, was dem Konsumenten auch eine gewisse Sicherheit vermittelt. Darüber hinaus soll die Marke für den Nachfrager eine Image- bzw. Prestigefunktion in seinem sozialen Umfeld erfüllen.[79]

Diese genannten Funktionen der Marke aus Nachfragersicht gelten auch für Luxusmarken; vor allem aber kommt bei Luxusmarken der Image- und Prestigefunktion eine viel bedeutendere Rolle zu und somit auch vermehrt der sym-

---

[76] Vgl. Valtin (2005), S. 30.
[77] Vgl. Lasslop (2005), S. 475; Meffert/Lasslop (2004), S. 933; Valtin (2005), S. 30.
[78] Vgl. Burmann/Meffert/Koers (2005), S. 10 f.
[79] Vgl. Meffert (2000), S. 847 f.

bolischen Funktion. Der ideelle Zusatznutzen, den Luxusmarken den Kunden bieten, kann zugleich nach außen (z. B. in Form von Prestige) und auch nach innen – z. B. in Form von Selbstverwirklichung – gerichtet sein kann.[80] Daneben erfüllt der Besitz von Luxusmarken zunehmend auch eine soziale Funktion und dient verstärkt dem Ausdruck der eigenen Persönlichkeit und des eigenen Wertesystems.[81] So lassen sich exemplarisch mit der Genussorientierung zum einen und dem Streben nach Selbstverwirklichung zum anderen zwei zentrale Entwicklungen ausmachen, die für das Kaufverhalten wichtiger geworden sind und insbesondere das Streben nach höherwertigen Gütern und Marken fördern.[82]

Luxusmarken sind gute symbolische Kommunikationsobjekte, die dazu dienen können, Status, Prestige und hohe Aufmerksamkeit zu erlangen und einem Konsumenten die Möglichkeit geben, Zugehörigkeit oder Abgrenzung im Hinblick auf bestimmte Gruppen und Schichten zu erreichen.[83] Aus Anbietersicht erklärt sich der Nutzen bzw. die Funktion der (Luxus-)Marken neben dem wachsenden Wohlstand und Interesse der Konsumenten noch aus weiteren Faktoren: Neben den möglichen Vorteilen der Unternehmenswertsteigerung (Aufbau immaterieller Vermögenswerte), der hohen Kundenbindung und den attraktiven Wachstumspotenzialen, ist die Wettbewerbsintensität durch die geringere Bedeutung des Preises als Wettbewerbsinstrument in den Premium- und Luxussegmenten vermeintlich niedriger.[84]

Viele Unternehmen wenden daher Markenerweiterungsstrategien für ihre Luxusmarken an, um die positiven Imagekomponenten der Luxusmarke auf ein neues Produkt einer bestehenden oder neuen Produktkategorie zu übertragen.[85] Die wichtigsten Strategien für die Erweiterung bei Luxusmarken sind

---

80 Vgl. Valtin (2005), S. 9 f.
81 Vgl. Haseloff (1992), S. 150 ff.; Karmasin (1998), S. 237 ff.; Meffert/Lasslop (2004), S. 932.
82 Vgl. Wiswede/Engelmann (1999), S. 7.
83 Vgl. Meffert/Lasslop (2005), S. 934; Veblen (1998), S. 68 ff.
84 Vgl. Burmann/Meffert/Koers (2005), S. 12 f.
85 Vgl. Aaker (1990); Meffert/Heinemann (1990); Günther (2002); Zatloukal (2002).

die Markendehnungs-/Markentransferstrategie (Line- oder Brand-Extension)[86], die Lizenzstrategie[87] und die immer wichtiger werdende Co-Branding-Strategie, bei der zwei Marken auf einem gemeinsam erstellten Produkt vertreten sind.

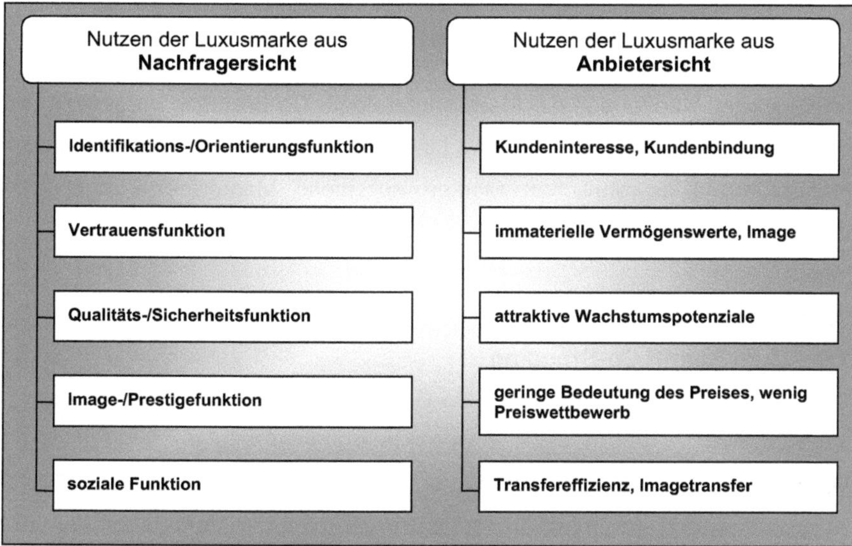

Abbildung 4: Nutzen der Marke aus Nachfrager- und Anbieterperspektive
Quelle: eigene Darstellung.

Mithilfe diesen Strategien versuchen, Unternehmen ihre Luxusmarken in niedrig- bis mittelpreisigen Produktkategorien (Accessoires, Uhren, Schmuck, Parfum) zu positionieren, um damit das Luxus-Image auf diese Produkte zu übertragen und deren Umsatz zu steigern.[88] Ein Problem hierbei ist der

---

86 Bei Line-Extension erweitert man eine Marke in eine gleiche Produktkategorie, z. B. Porsche mit dem Porsche Cayenne – neues Modell, gleiche Produktkategorie ‚Automobile'; Bei Brand-Extension (synonym: Category Extension) erweitert man eine Marke in eine neue, nicht verwandte Produktkategorie, z. B. Porsche mit ihren Accessoires, Brillen ,Koffer, Uhren und Haushaltsgeräten vgl. Burmann/Meffert/Blinda (2005), S. 200.

87 Bei Markenlizenzen verkauft ein Markeninhaber einem anderen Unternehmen das Recht zur Nutzung seiner Marke, damit es Produkte herstellen kann, für die der Inhaber keine Kompetenzen hat. So vergeben Designermarken wie Gucci und Boss Lizenzen an Procter&Gamble zur Erstellung von Parfum; vgl. Binder (2001).

88 Vgl. Meffert/Lasslop (2004), S. 930.

Exklusivitäts- und Imageverlust, der durch die Demokratisierung des Luxus und die damit verbundene Erreichung von größeren und breiteren Käuferschichten entstanden ist.[89] Zu viele Luxusmarken in zu vielen Produktkategorien[90] erhöhen die Gefahr der Verwässerung der Luxusmarke und machen diese gewöhnlich und alltäglich. Abbildung 4 stellt den Nutzen von Luxusmarken zusammenfassend dar.

Im folgenden Kapitel soll die Marketingstrategie Co-Branding vorgestellt werden um prüfen zu können, ob eine Luxusmarke ihr Image durch die Zusammenarbeit mit gewöhnlichen Marken auf diese Marken übertragen oder dadurch auch verwässern kann.

2.2 Zum Begriff Co-Branding

2.2.1 Begriff und Definition des Co-Branding

Der Begriff Co-Branding ist aus den englischen Begriffen „Cooperation" (dt. = Kooperation) und „Branding" (dt. = markieren; mit einer Marke versehen; allg. → ‚Markenpolitik') zusammengesetzt. Der zweite Bestandteil ‚Marke' wurde bereits ausführlich in Kapitel 2.1.1 besprochen. Im Folgenden soll eine ‚Kooperation'[91] genauer betrachtet und anschließend ein Bezug zum Co-Branding hergestellt werden.

Zur näheren Bestimmung des Begriffs „Kooperation" existiert ein Set von vier Merkmalen: die Mehrzahl von Einheiten, die Zielorientierung der Zusammenarbeit, deren Freiwilligkeit sowie die Selbständigkeit der Einheiten.[92] Grundvoraussetzung ist zunächst die Mehrzahl von Einheiten. Jede Kooperation

[89] Vgl. Mazzalovo (2003), S. 86 f.
[90] „Einstiegsprodukte wie Schlüsselanhänger dürfen nicht überhand nehmen" sagt Mei-Pochtler in Kewes (2006).
[91] Teilweise wird auch das Synonym Koalition verwendet; vgl. Belz (1999), S. 6.; Altmeyer (1997), S. 8 ff.
[92] Vgl. Baumgarth (2003a), S. 28 ff.

setzt mindestens zwei Entscheider – beim Co-Branding sind das die Markenverantwortlichen – voraus.[93] Ein zweites Merkmal bildet die Zielorientierung der Zusammenarbeit.[94] So erwarten alle Beteiligten, dass sie ihre Ziele durch die Kooperation besser erfüllen können als bei rein isoliertem Vorgehen.[95] Überträgt man dies auf das Konzept des Co-Branding, so versprechen sich alle beteiligten Marken eine bessere Zielerreichung im Rahmen dieser strategischen Option. Das dritte Merkmal ist die Freiwilligkeit der Zusammenarbeit welche besagt, dass die Zusammenarbeit von den Partnern beiderseitig gewünscht ist. Das bedeutet, der Beitritt, aber auch der Austritt erfolgt bei allen Kooperationspartnern aus eigenem Antrieb.[96] Bezogen auf das Co-Branding heißt dies, dass nur Kooperationen unter diesen Begriff fallen, bei denen alle beteiligten Marken freiwillig teilnehmen. Das vierte Kooperationsmerkmal bildet die Selbstständigkeit der Einheiten.[97] Zumeist wird die Selbstständigkeit dabei unter rechtlicher, aber auch in wirtschaftlicher Hinsicht beurteilt.[98] Für das Co-Branding ist bezüglich dieses Merkmals aber vielmehr die Selbstständigkeit der Marken aus Abnehmersicht relevant, da ein nachfrageorientierter Markenbegriff vorliegt.[99] Daraus folgt, dass die beteiligten Marken vor, während und nach der Zusammenarbeit selbstständige Marken darstellen.

Tabelle 3 fasst die vier Kooperationsmerkmale und deren Übertragung auf das Co-Branding zusammen.

---

93 Vgl. Bidlingmaier (1967), S. 355.
94 Vgl. Schneider (1973), S. 37;
95 Vgl. Bidlingmaier (1967), S. 358; Stuke (1974), S. 16.
96 Vgl. Bidlingmaier (1967), S. 357; Knoblich (1969), S. 501.
97 Vgl. Linn (1989) S. 24; Stuke (1974), S. 21.
98 Vgl. Hirschmann (1998), S. 13 f.; Fontanari (1996), S. 34 f.; Rotering (1993), S. 40.
99 Vgl. Baumgarth (2003a), S. 29.

Kooperations-merkmale	Merkmalsbeschreibung	Übertragung auf das Co-Branding
1. Mehrzahl von Einheiten	mindestens zwei Einheiten für eine Kooperation notwendig	mindestens zwei Marken für eine Kooperation notwendig
2. Zielorientierung der Zusammenarbeit	bessere Zielerreichung der Einheiten durch gemeinsames Vorgehen	bessere Zielerreichung durch kooperative Markenpolitik
3. Freiwilligkeit der Zusammenarbeit	Beitritt zu und Austritt aus einer Kooperation aus freiem Willen	Zusammenarbeit von Marken ist freiwillig
4. Selbstständigkeit d. Einheiten	rechtliche und wirtschaftliche Selbstständigkeit der Einheiten	Selbstständigkeit der Marken aus Abnehmersicht

Tabelle 3: Merkmale einer Kooperation mit Bezug auf das Co-Branding
Quelle: eigene Darstellung in Anlehnung an Baumgarth (2003a), S. 28 f.

Nachdem die Merkmale der Kooperation auf das Co-Branding übertragen und damit das Wesen des Co-Brandings verdeutlicht wurde, soll eine Definition für diese Strategie formuliert werden. Die jeweiligen Definitionsansätze basieren zwar auf den oben genannten Merkmalen, haben aber jeweils verschiedene Schwerpunkte und sind folglich auch unterschiedlich formuliert. Tabelle 4 soll einen Überblick über die verschiedenen Definitionsschwerpunkte mit ihren jeweiligen Vertretern geben.

Bevor eine Definition des Co-Branding für diese Studie formuliert wird, soll erwähnt werden, dass hier nicht alle in der Literatur genannten Schwerpunkte Beachtung finden können. Die Studie zielt darauf ab, die Wirkungen des Co-Branding beim Abnehmer zu analysieren. Somit wird – wie bei der Definition der Luxusmarke auch – die nachfrageorientierte Wesensdefinition des Co-Branding zugrunde gelegt.

Definitions-schwerpunkt	Vertreter dieser Richtung	Inhalt
1. Brancheneingrenzung	Ruttenberg/ Kavitzky/Oren (1995); Stewart (1995); Ahlert/Schlüter/Vogel (1999);Aumüller (1997);Boone (1997)	Die Autoren beschränken sich insb. auf die speziellen Branchen ‚Kreditkarten' und ‚Handel'.
2. Alle Kooperationen zwischen Marken	Bugdahl (1998); Simonin/Ruth (1998); Rao/Rueckert (1994); Rao/Qu/Rueckert (1999); Keller (1998); Walchi (1996); Farquhar/Han/Herr/Ijiri (1992)	Jegliche Zusammenarbeit zwischen verschiedenen Marken – von gemeinsamen Produkten über reine Markenlizenzen bis zum Kommunikationsbereich.
3. Leistungsmarkierung durch mehrere Marken	Binder (1996); Freter/Baumgarth (2001); Levin/Davis/Levin (1996); Hillyer/Tikoo (1995); Shocker (1995); Ohlwein/Schiele (1994); Rao (1997)	Explizite Beschränkung auf gemeinsame Markierung einer Leistung. Leistungen sind Produkte und/oder Dienstleistungen.
4. Sichtbare Markenzusammenarbeit	Blacket/Russel (1999); Hüttermann (1991); Rao (1997); Rao/Rueckert (1994)	Die Wahrnehmung der Markenzusammenarbeit ist konstituierendes Merkmal des Co-Branding.
5. Verbindung starker Marken	Abcede/Dwyer/Shook/Smith (1994); Spethmann/Benezra (1994); Walchi/Carpenter/Tybout (1997)	Alle Partner sind isoliert bereits starke Marken.
6. Unterschiedliche Organisationen	Frey (1996a); Ohlwein/Schiele (1994); Wiezorek/Wallinger (1997)	Co-Brand-Marken sind im Besitz unterschiedlicher Eigentümer.
7. Langfristigkeit	Stewart (1995); Rao (1997)	Co-Brand Zusammenarbeit ist langfristig (seltener Ansatz).

Tabelle 4: Schwerpunkte der Co-Branding-Definition in der Literatur
Quelle: eigene Darstellung in Anlehnung an Baumgarth (2003a), S. 22 ff.

Für die Definition finden die Schwerpunkte Brancheneingrenzung (1.) und Langfristigkeit (7.) keine Beachtung, da hier auch branchenübergreifende Co-Brandings und genauso kurzfristige Kooperationen als relevant angesehen werden. Auch wird die Verbindung starker Marken (5.) nicht mit in die Definition einfließen, da die vorliegende Definition auch für schwache Marken gelten soll. Der Punkt unterschiedliche Organisationen (6.) soll hier nicht rechtlich verstanden werden. Es reicht vielmehr, wenn die Nachfrager die zusammenarbeitenden Marken als unterschiedliche Marken von unterschiedlichen Herstellern wahrnehmen; in der nachfrageorientierten Sicht hängt die Wirkung nicht von den rechtlichen Eigentumsverhältnissen (z.B. bei Konzernen) ab, da der Nachfrager diese meistens gar nicht kennt.

Nachdem die beiden Bestandteile des Begriffs Co-Branding (Markenpolitik und Kooperation) behandelt wurden, lässt sich Co-Branding als kooperative Markenpolitik[100] bezeichnen. Mit Bezug auf die nachfrageorientierte Definition einer Marke, die vier Merkmale einer Kooperation und die relevanten Definitionsschwerpunkte in der Literatur ergibt sich die folgende Definition für das Co-Branding:[101]

> Co-Branding ist die systematische Markierung einer Leistung durch mindestens zwei Marken im Rahmen einer kooperativen Markenpolitik, wobei alle Marken für Dritte wahrnehmbar sein als auch weiterhin eigenständig auftreten müssen und zu der sich alle involvierten Marken freiwillig und zielorientiert entschieden haben.

Damit berücksichtigt diese Definition sowohl die vier Kooperationsmerkmale als auch die vier übrig gebliebenen Definitionsschwerpunkte Kooperationen zwischen Marken (2.), Leistungsmarkierung (3.), Sichtbarkeit (4.) und unterschiedliche Marken aus Käufersicht (6.).

2.2.2 Erscheinungsformen und Abgrenzung des Co-Branding

Co-Branding stellt keine einheitliche Strategie dar, vielmehr existieren unterschiedliche Ausprägungsformen, die hier vorgestellt und erläutert werden sollen. Um die verschiedenen Formen zu systematisieren, existieren in der ein-

---

[100] Markenpolitik ist die Maßnahme, die im Vergleich zur Leistung zusätzliche Wirkung beim Abnehmer verursacht; vgl. Baumgarth (2004), S. 238.

[101] Vgl. Baumgarth (2003a), S. 30; Baumgarth (2004), S. 238 f.

schlägigen Literatur bereits einige Vorschläge, die sich grob in zwei Gruppen voneinander abgrenzen lassen:[102] Die erste Gruppe[103] unterteilt das Co-Branding anhand des Merkmals: Höhe der durch die Kooperation geschaffenen Wertschöpfung.[104] Hierbei erfolgt die Unterscheidung auf der Basis, wie stark die beiden Marken jeweils ihre Kompetenzen und Ressourcen für das Entstehen der Co-Branding-Leistung einbringen müssen. Tabelle 5 zeigt die verschieden Co-Branding-Typen nach der Unterteilung dieser ersten Gruppe.

Co-Branding-Typen	Ziel	Beispiele
1. Reach-Awareness Co-Branding	Bekanntheit erhöhen, Lizenzeinnahmen	Fit for Fun-Homann Salate
2. Values Endorsement Co-Branding	Werte-Transfer, Markenpositionierung	Krombacher-WWF Naturschutz
3. Ingredient Co-Branding	Eine Marke liefert das investive Gut für die Erstellung des Hauptproduktes	Intel liefert Prozessoren für Computer-Hersteller z.B. für Dell
4. Complementary Competence Co-Branding	Zwei starke Marken schaffen zusammen mit ihren Kernkompetenzen ein Produkt	Philipshave Cool Skin von Philips und Nivea

Tabelle 5: Co-Branding-Typen nach der gemeinsamen Wertschöpfung
Quelle: eigene Darstellung.

Hierbei ist zu beachten, dass der Typ 1 (Reach-Awareness) die geringste gemeinsame Wertschöpfung aufweist; die Zusammenarbeit beschränkt sich hierbei auf gemeinsame Marketing- und Promotion-Tätigkeiten, um bekannter zu werden oder von Lizenzeinnahmen zu profitieren. Beim Typ 4 ergibt sich durch die Nutzung gemeinsamer Kompetenzen für die Herstellung des Produktes die größte gemeinsame Wertschöpfung.

Die zweite Gruppe unterscheidet ihre Co-Branding-Typen anhand von zwei Merkmale: Die Art der Verbindung, die entweder funktional oder symbolisch

[102] Vgl. Baumgarth (2004), S. 241.
[103] Vertreter dieser Gruppe sind: Blacket/Russel (1999); Farquhar et al. (1992); Desai/Keller (2002).
[104] Vgl. Blacket/Russell (1999), S. 8 ff.

Marken auch Produkte, Hersteller oder Händler bei der Zusammenarbeit involviert sein können.[121]

Das Co-Advertising ist eine Form des Co-Marketing und steht für gemeinsame Werbung und Kommunikationsmaßnahmen, die unter den beteiligten Partnern aufgeteilt werden.[122] Zwar behalten die beteiligten Marken im Rahmen der Kooperation – ebenso wie beim Co-Branding – ihre Autonomie; beim Co-Advertising fehlt jedoch die gemeinsame Leistung. Bei dieser meist kurzfristigen Zusammenarbeit interessiert also nur der gemeinsame werbliche Auftritt. Dieser hat zum Ziel, kurzfristige Kostenvorteile zu realisieren und das Risiko einer geringen Werbewirkung zu mindern.[123] Ein Beispiel für diese Form der Zusammenarbeit ist die gemeinsame Werbung von Siemens (Waschmaschinen) und Ariel (Waschmittel).

Ingredient Branding beschäftigt sich mit investiven Verbrauchsgütern (Rohstoffe, Einsatzstoffe, Teile) und deren Markenpolitik.[124] Bei dieser Strategie wird demnach ein wesentlicher Bestandteil (z. B. ein Rohstoff) eines Produktes als Marke geführt und dem Kunden gemeinsam mit der Endmarke kommuniziert.[125] Ingredient Brands sind zum Beispiel: Intel, Tetra Pak oder Gore-Tex. Das Ingredient Branding erfüllt dieselben vier Merkmale der Co-Branding-Definition; der einzige, aber auch der wesentliche Unterschied liegt darin, dass das Co-Branding horizontale, vertikale und laterale Formen der Zusammenarbeit zulässt – wohingegen sich das Ingredient Branding definitionsgemäß auf die vertikale Ausrichtung beschränkt.[126] Folglich bildet es einen Spezialfall des Co-Branding,[127] was auch in der Typologisierung des Co-Branding nach Baumgarth aus dem Typ Ingredient Co-Brand ersichtlich ist.

---

[121] Vgl. Bucklin/Sengupta (1993), S. 32; Huber (2004), S. 265.
[122] Vgl. Young/Greyser (1983), S. 3.
[123] Vgl. Huber (2004), S. 267; Samu/Krishnan/Smith (1999), S. 57.
[124] Vgl. Freter/Baumgarth (2001), S. 324; Freter (2004), S. 215.
[125] Vgl. Huber (2004), S. 268; Freter (2004), S. 216.
[126] Vgl. Freter (2004), S. 216 ff.; Huber (2004), S. 268.
[127] Vgl. Smit (1999), S. 66.

Beim Markentransfer unterscheidet die Wissenschaft zwischen Line- und Brand Extension. Bei der Line Extension (auch: Produktlinienerweiterung) überträgt man eine vorhandene Marke auf neue Produkte einer bisherigen Produktkategorie.[128] Zum Beispiel hat die Marke Porsche ihre Produktlinie mit dem neuen Produkt Porsche Cayenne in der bisherigen Produktkategorie „Automobile“ erweitert. Bei der Brand Extension wird die vorhandene Marke auf neue Produkte einer neuen oder nicht verwandten Produktkategorie (für die Marke) übertragen. Porsche hat seine Marke mit Porsche-Brillen, -Anhängern, -Gürteln, -Mode und -Koffern auf neue Produktkategorien übertragen und ausgeweitet.[129] An dieser Darstellung wird der Unterschied zum Co-Branding deutlich: Beim Markentransfer kommt es nicht zu einer Zusammenarbeit von mehreren Marken; es ist nur eine Marke beteiligt. Dennoch kommt die Nähe zum Markentransfer in einigen Co-Brands, wie etwa dem Sportschuh von Ferrari und Puma, zum Ausdruck. Hier findet eine Übertragung der Marke Ferrari in eine neue Produktkategorie (Sportschuhe) im Rahmen einer Kooperation statt (Brand Extension). Für Puma ist dieses Produkt eine Line Extension. Demnach kann das Co-Branding gewissermaßen auch als Spezialfall des Markentransfers angesehen werden, bei dem der Transfer mit Hilfe einer zweiten Marke erfolgt.[130] Tabelle 8 zeigt die Abgrenzung der behandelten Begriffe vom Co-Branding im Überblick.

[128] Vgl. Esch (2002b), S. 202; Reddy/Holak/Bhat (1994), S. 243.
[129] Vgl. Burmann/Meffert/Blinda (2005), S. 200 f; Aaker/Keller (1992), S. 50.
[130] Vgl. Esch (2002b), S. 204.

Begriff	Ziel	Bezugsobjekt	Dauer	Stufe	Beispiel
Co-Branding	Kostenvorteile bei Konzeption eines Produktes und Gestaltung und Verbreitung von Werbung, Image-transfer, Risikominderung	Benennung und Bewerbung einer Leistung (Produkt) durch zwei oder mehr Unternehmen	kurz-/ langfristig	/	Mövenpick-Schöller-Eis Ferrari-Puma-Schuh Nike/Philips MP-3-Player
Markenallianz	Erhöhung des Markenwertes	Ressourcen, Kompetenzen und Fähigkeiten von zwei oder mehr Unternehmen	langfristig	Oberbegriff	Karstadt-Quelle und Starbucks
Co-Marketing	Vorteile im Vertrieb und Marketing (Marktforschung), Risikominderung	Ressourcen, Kompetenzen und Fähigkeiten von zwei oder mehr Unternehmen	langfristig	Oberbegriff	Siehe: Co-Branding und Co-Advertising
Co-Advertising	Kostenvorteile bei Gestaltung und Verbreitung von Werbung, Risikominderung	werblicher Auftritt von zwei oder mehr Unternehmen	kurzfristig	selbe Stufe/ nebeneinander	Ariel und Siemens
Ingredient Branding	Kostenvorteile bei Konzeption eines Produktes und Gestaltung und Verbreitung von Werbung, Image-transfer, Risikominderung	Eine Marke ist Teil eines Produktes und wird dem Kunden gemeinsam mit der Endmarke kommuniziert	langfristig	Spezialfall des Co-Branding	Intel & Dell NutraSweet und Coca-Cola
Markentransfer (Brand-/Line Extension)	Image-/Markentransfer auf neue Produkte, Risikominderung	Ressourcen, Kompetenzen und Fähigkeiten zur Markenerweiterung und Markenausdehnung	langfristig	Oberbegriff	Armani-Brillen Porsche-Koffer

Tabelle 8: Abgrenzung des Co-Branding Begriffs
Quelle: eigene Darstellung in Anlehnung Huber (2004), S. 269.

2.2.3 Ziele und Gefahren des Co-Branding

Die zunehmende Bedeutung des Co-Brandings kommt in vielen Befragungen von verantwortlichen Managern und Wissenschaftlern zum Ausdruck.[131] Die Gründe für die wachsende Bedeutung des Co-Branding liefern Studien über die Zielsetzungen sowie die Vorteile dieser Strategie aus Sicht der Unternehmen. Die Existenz unterschiedlicher Co-Branding-Typen führt dazu, dass auch unterschiedliche Zielsetzungen und Gefahren existieren; das hängt jeweils von der Art der Zusammenarbeit ab. Im Folgenden sollen die wichtigsten Ziele und Gefahren beschrieben werden.

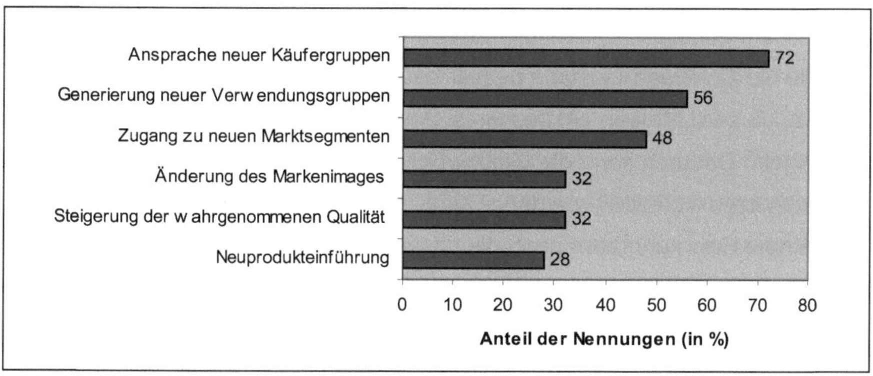

Abbildung 5: Ziele des Co-Branding
Quelle: Decker/Schlifter (2001), S. 43.

Eines der bedeutendsten Ziele für ein Unternehmen mit einem Co-Branding-Produkt ist die Marktvergrößerung und damit die Erschließung von neuen Zielgruppen – dadurch werden Märkte erreicht, die der Individualmarke bis dahin verschlossen waren.[132] Dies bestätigt eine Studie von Decker/Schlifter (2001), die 25 Manager führender Markenartikelhersteller nach den Zielen des Co-Branding befragt haben. Demnach besitzen alle aufgeführten Ziele eine

[131] Vgl. Baumgarth (2003a), S. 2.
[132] Vgl. Rao/Qu/Ruekert (1999), S. 259.

Co-Brands eingeht, also an mehreren Co-Brands beteiligt ist; dadurch ergibt sich eine fehlende Exklusivität für die Marke.[149]

Zum Abschluss soll noch eine kurze aber wichtige Unterteilung bezüglich der Wirkungseffekte bei den Zielen und den Gefahren in Co-Brand Effekte und Spill-Over Effekte erfolgen.[150] Co-Brand-Effekte sind die Wirkungen und Effekte des Co-Brandings, die auf die Co-Brand-Leistung und die Zusammenarbeit der Marken einwirken. Sie beeinflussen das Urteil und das Verhalten des Konsumenten und des Marktes bezüglich des Co-Brandings und somit auch den Erfolg in Form von Umsatzsteigerung und Kostenreduzierung oder den Misserfolg in Form von Konflikten und zu hohem Aufwand. Da die Co-Brand-Effekte direkte Wirkungen beim Konsumenten hervorrufen, werden sie auch als direkte Effekte bezeichnet.[151] Die Spill-Over Effekte sind Wirkungen und Effekte des Co-Brandings auf die beteiligten Individualmarken. Als Folge der Zusammenarbeit beider Marken sind sie sozusagen Ausstrahlungseffekte, die nicht die Co-Brand-Leistung treffen, sondern indirekt die Ausgangsmarken. Deshalb werden sie auch indirekte Effekte genannt. Die Zusammenarbeit kann sich für eine Individualmarke positiv in Form der Gewinnung neuer Zielgruppen, eines positiven Imagetransfers oder Lizenzeinnahmen lohnen oder aber sich negativ in Form von Markenverwässerung und negativem Imagetransfer auswirken. Die Spill-Over-Effekte sind somit die positiven oder negativen Auswirkungen, die sich durch das Co-Branding bei den Individualmarken ergeben. Da es sich bei den Spill-Over-Effekten immer um Veränderungen handelt, basieren deren Operationalisierungen überwiegend auf einem Vergleich zwischen einer Messung vor dem Kontakt und einer Messung nach dem Kontakt mit dem Co-Brand.[152] Tabelle 9 fasst abschließend alle Ziele und Gefahren des Co-Brandings zusammen. Zusätzlich enthält sie eine Zuordnung der Co-Brand-Effekte und der Spill-Over-Effekte.

[149] Vgl. Cegerra/Michel (2001), S. 29; Baumgarth (2001b), S. 28.
[150] Vgl. Baumgarth (2001b), S. 24.
[151] Vgl. Baumgarth (2001b), S. 24; Baumgarth (2003a), S. 123.
[152] Vgl. Baumgarth (2003a), S. 129.

Chancen (Vorteile)	Effekte
Marktvergrößerung zusätzliche Umsatzpotenziale Zugang zu neuen Märkten und Kunden	Co-Brand
Ausnutzung von Synergien Synergien im Marketing/ in F & E	Co-Brand
Kostenreduzierung Kostenreduzierung im F & E-Bereich Kostenreduzierung im Marketing Splitting bei Investitionen, Budgetvorteile	Co-Brand
Vermittlung doppelter Leistung subjektive Qualitätssteigerung tatsächliche Qualitätssteigerung Steigerung der Glaubwürdigkeit interessanter für Handel Steigerung der Preisbereitschaft Zusatznutzen für den Abnehmer	Co-Brand
Neuprodukteinführungen Senkung des Floprisikos verbesserte Wahrnehmung der Leistung breitere geographische Streuung	Co-Brand
Lizenzeinnahmen	Spill-Over
Image-/ Markentransfer Änderung des Markenimage Umpositionierung der Marke Transfer positiver Eigenschaften Markenverjüngung/ jüngere Zielgruppe	Spill-Over
Erschließung neuer Zielgruppen für die Individualmarke /eigene Marke	Spill-Over

Risiken (Nachteile)	Effekte
Unterschätzung d. Aufwandes hoher Koordinationsaufwand hoher Organisationsaufwand hoher Abstimmungsaufwand lange Vorlaufzeit	Co-Brand
Konflikte Interessenkonflikte Zielkonflikte Konkurrenz-Mentalität	Co-Brand
Markenverwässerung Verlust der Markenklarheit Differenzierungsschwierigkeit Positionierungsschwierigkeit hohe Gefahr bei multiplen Co-Brands Verlust der Exklusivität Imageverlust	Spill-Over
Negative Transfereffekte negativer Imagetransfer des Partners neg. Imagetransfer des Co-Brands Skandale der Partnermarke Probleme der Partnermarke Partner ändert seine Markenposition	Spill-Over
Fehlender Fit zwischen Marken Ablehnung des Co-Brand-Produktes Dissonanzen/Verwirrung beim Kunden Imageverlust bei Individualmarken	Co-Brand Spill-Over
Problem der Erfolgsmessung problematische Zuordnung	Co-Brand

Tabelle 9: Ziele und Gefahren des Co-Branding
Quelle: eigene Darstellung.

2.3 Internationale Forschungsarbeiten zum Thema Co-Branding

Nach Baumgarth (2004) können der Beitrag von Park/Jun/Shocker auf der Jahrestagung der Association für Consumer Research 1995[153] sowie der Aufsatz von Rao/Rueckert (1994) als Startpunkt der internationalen Forschung zum Thema Co-Branding angesehen werden. In der Folge lässt sich ein zunehmendes Interesse der Wissenschaft am Co-Branding erkennen, wobei der Großteil der Forschung im angloamerikanischen Raum stattfand.[154] Hilyer/Tikoo (1995) differenzierten in ihrem Konferenzbeitrag zwischen hohem und geringem Involvement und zwischen Haupt- und Nebenmarke. Walchi (1996) verglich in einem Laborexperiment das Co-Branding mit dem Markentransfer und identifizierte für das Co-Branding die zusätzliche Fit-Basis Markenfit, für die er einen Zusammenhang mit der Co-Brand-Beurteilung nachweisen konnte.[155] Park/Jun/Shocker (1996) verglichen in zwei Laborexperimenten ebenfalls die Strategie des Markentransfers mit dem Co-Branding. In ihrer Studie analysierten sie neben der Beurteilung des Co-Brands auch die Spill-Over-Effekte des Co-Branding auf die beteiligten Einzelmarken. Die theoretische Basis bilden vor allem Schemata-Integrations-Ansätze, die zu den Hypothesen führen, dass ein Co-Brand die positiven Eigenschaften der beteiligten Marken enthält.[156]

Einen bedeutenden Beitrag lieferten auch Simonin/Ruth (1998). Ihr Hauptziel war die Untersuchung der Spill-Over-Effekte. Zu diesem Zweck entwickelten die Autoren ein Modell, welches auf Theorien zum Bundling und zu Kontexteffekten, auf der Informations-Integrations-Theorie sowie der Einstellungs-Verfügbarkeits-Theorie basiert. Zur Analyse dieses Modells wurde eine Befragung durchgeführt, wobei die Einstellungen der Probanden vor als auch nach dem Co-Branding zu den einzelnen Marken erhoben wurden. Die Autoren

[153] Vgl. Shocker (1995), S. 432 ff.
[154] Vgl. Baumgarth (2004), S. 242; für den folgenden Literaturüberblick vgl. Baumgarth (2003a), S. 137 ff.
[155] Vgl. Walchi (1996), S. 52 ff.
[156] Vgl. Park/Jun/Shocker (1996), S. 453 ff.

konnten folgendes bestätigen: Die Einstellungen gegenüber dem Co-Brand stehen in einem positiven Zusammenhang zu den Einstellungen gegenüber den Einzelmarken nach dem Co-Branding. Die Pre-Einstellungen zu den Einzelmarken stehen ebenfalls in einer positiven Beziehung zu den Post-Einstellungen. Auch die Pre-Einstellungen zu den Einzelmarken weisen einen positiven Zusammenhang zu der Co-Brand-Einstellung auf. Der Produkt- und Markenfit steht wiederum in einem positiven Zusammenhang zu der Co-Brand-Einstellung.[157]

Rao/Qu/Rueckert (1999) führten zwei Laborexperimente durch, als theoretische Basis diente die Informationsökonomie, die Marken als wirkungsvolle Signale bei Qualitätsunsicherheit der Abnehmer interpretiert. Falls eine Marke diese Signalwirkungen nicht erfüllt, so kann eine andere Marke im Rahmen des Co-Brandings diese Funktion übernehmen. Somit zielte dieser Ansatz auf die Erhöhung der Qualitätseinschätzung eines Co-Brands durch die Signalling-Funktion ab. Die Forscher konnten mit ihrem Experiment diese Hypothese bestätigen.

Washburn (1999) und Washburn/Till/Prilluck (2000) bestimmten im Rahmen einer empirischen Untersuchung den verhaltenswissenschaftlichen Markenwert des Co-Brands in Abhängigkeit von den Markenwerten der Kooperationspartner sowie der Erfahrungen mit dem Co-Brand. Die Ergebnisse bestätigen zum einen, dass Co-Brands mit Marken, die einen hohen Individualwert aufweisen, von den Konsumenten positiver bewertet werden und zum anderen, dass Erfahrungen mit dem Co-Brand zu einer positiven Einschätzung des Co-Brands beitragen. Die Ergebnisse indizieren weiterhin, dass die Beurteilung von Marken mit einem hohen Markenwert tendeziell relativ stabil ausfällt und der Co-Brand daher nur einen geringen Einfluss auf diesen hat. Weiterhin zeigen die Ergebnisse, dass sich der Markenwert bei Marken mit geringem Mar-

[157] Simonin/Ruth (1998), S. 294 ff.

kenwert in einem Co-Brand mit einer starken Partnermarke und einer positiv beurteilten Produktprobe erhöht.[158]

In den letzten Jahren hat Baumgarth mehrere Studien zum Thema Co-Branding durchgeführt.[159] Unter anderem untersucht der Autor anhand einer Online-Befragung die Wirkungen und die Spill-Over-Effekte des Co-Branding und leitet daraus eine Wirkungsmatrix bezüglich des Co-Branding-Erfolges ab. Des Weiteren hat Baumgarth die wesentlichen Studien zum Thema Co-Branding zusammengetragen. Insgesamt decken diese ein breites Spektrum verschiedener Einflussfaktoren und Wirkungen des Co-Branding ab. Bei Betrachtung der insgesamt 26 Studien im Zeitablauf zeigt sich eine Verlagerung der inhaltlichen Schwerpunkte. Bei den frühen Arbeiten (mit Ausnahme von Simonin/Ruth 1998) stand stets die Beurteilung des Co-Brands im Mittelpunkt; wohingegen die neueren Arbeiten intensiver die Spill-Over-Effekte untersuchen.[160] Weiterhin fällt auf, dass die neueren Arbeiten dem Fit der Marken kaum Beachtung schenken. Stattdessen legen diese Arbeiten ihren Schwerpunkt auf das Verhältnis der Markenstärken der beteiligten Marken. Dabei tendiert die Forschung mittlerweile auch dazu, vermehrt Co-Brands zu untersuchen, bei der eine sehr schwache Marke (reale, fiktive oder Handelsmarke) mit einer starken Marke kombiniert wird.[161]

Betrachtet man die Ergebnisse bisheriger Studien, so kann man die folgende kurze Zusammenfassung bezüglich der Co-Branding-Wirkungen formulieren:[162] Die Eigenschaften der Einzelmarken sind relevant für die Co-Brand-Eigenschaften. Die Co-Brand-Beurteilung hängt von der Markeneinstellung und der Markenstabilität ab. Ferner beeinflusst der Fit zwischen der Individualmarke und dem Co-Brand die Co-Brand-Beurteilung (Transferfit) positiv.

[158] Vgl. Washburn/Till/Prilluck (2000), S. 601 ff.
[159] Vgl. Baumgarth (2000a); Baumgarth (2002); Baumgarth (2003a); Baumgarth (2003b).
[160] Vgl. Baumgarth (2003a), S. 156.
[161] Vgl. Baumgarth (2003a), S. 156 f.
[162] Für den Forschungsstand bezüglich der Co-Branding-Wirkungen vgl. Baumgarth (2003a), S. 401 f.

Der Fit ist ein „mehrdimensionales Konstrukt“ und kann in die zwei Hauptdimensionen Produkt- und Markenfit[163] unterteilt werden, die ebenfalls einen Einfluss auf die Co-Brand-Beurteilung haben.[164] Des Weiteren ist bekannt, dass es einen Zusammenhang zwischen Marketingmaßnahmen (z. B. Anordnung der Marken) und der Co-Brand Beurteilung gibt. Viele Ergebnisse zeigen ebenfalls einen stark positiven Einfluss des Werbegefallens auf die Co-Brand-Beurteilung. Die Studien belegen auch, dass die Auslöser für Spill-Over Effekte Skandale (-), Erfahrungen mit dem Co-Brand (+/-), fehlender Fit zwischen den Marken (-) sowie die Co-Brand-Beurteilung (+/-) sein können; die Wirkung auf die Individualmarken kann positiv oder negativ sein.[165]

In dieser Untersuchung soll im Hinblick auf den aktuellen Forschungstrend und die unternehmerische Praxis ebenfalls eine Studie durchgeführt werden, bei der Marken mit unterschiedlichen Markenstärken ein Co-Branding eingehen. Das Modell und die Hypothesen für diese Studie werden in Kapitel 3 erarbeitet.

2.4 Co-Branding mit Luxusmarken

Viele Luxusmarkenhersteller möchten die positiven Imagekomponenten ihrer Luxusmarke auf ein neues Produkt aus einer neuen Produktkategorie übertragen, um dadurch höhere Umsätze zu generieren.[166] Hierbei streben die meisten Luxusunternehmen Produktkategorien an, die für die breite Konsumentenschicht vertraut ist. Das Ziel der Unternehmen ist, das Image und die Aura der Luxusmarke auf diese Produkte zu übertragen und somit dem Kunden einen ideellen Nutzen zu vermitteln, mit dem dieser eigene Wertvorstellungen, Status und Prestige demonstrieren kann. Im Rahmen eines solchen Marken-

[163] Produktfit = Produkte der Marke A und B passen zusammen; Markenfit = Marke A und B passen zusammen.
[164] Vgl. Baumgarth (2003a), S. 401.
[165] Vgl. Baumgarth (2003a), S. 402.
[166] Vgl. Kapitel 2.1.4 hierzu genauer Aaker (1990); Günther (2002); Zatloukal (2002).

transfers in neue Produktkategorien tritt eine Luxusmarke meist alleine auf. Beispielhaft hierfür ist die Parfumindustrie, in der wohl jede bekannte Luxusmarke aus der Mode-, Schmuck- und Automobilbranche mit einem Parfum vertreten ist.[167]

In jüngster Vergangenheit ist der Trend zu beobachten, dass Luxusmarken vermehrt durch Co-Brandings neue Produktkategorien erschließen. Dabei kooperieren Luxusmarken mit Marken, die nicht aus dem Luxussektor stammen, aber dennoch führende und starke Marken in ihrer Branche darstellen. Solch ein Co-Branding stellt eine Mischung aus dem in Kapitel 2.2.2 vorgestellten Multi Co-Brand- und dem Promotion Co-Brand-Typus dar. Dabei liegt der Fall vor, dass die beteiligten Marken ein Co-Branding auf lateraler Ebene eingehen; d.h. für die Luxusmarke ist die Produktkategorie neu, für die Partnermarke nicht. Sehr oft ist es sogar so, dass das Co-Brand-Produkt eine Modifizierung der Produkte der Marke darstellt. Der Einfluss der Luxusmarke auf die Zusammenarbeit besteht aus einer für sie typischen Kompetenz. Wie Kapitel 2.1 verdeutlicht, ist dies bei Luxusmarken meist eine Kompetenz in Bezug auf Ästhetik und/oder hoher Qualität.[168] Ein Beispiel für eine solche Konstellation sind die Haushaltsgeräte von Porsche und Siemens. Hierbei werden Haushaltsgeräte, die für den täglichen Gebrauch genutzt werden und in die Produktkategorie der bekannten Marke Siemens angehören, mit einer Luxusmarke aus einer ganz anderen Produktkategorie markiert. Der Einfluss der Luxusmarke liegt bei diesem Co-Branding in der Außengestaltung der Produkte, d.h. Porsche designt in dem typischen Porsche-Stil die Haushaltswaren, wodurch die Geräte in dieser Branche auffallen und zu etwas Außergewöhnlichem werden.

[167] Zum Beispiel: Mode: Armani, Prada, Boss, Chanel; Schmuck: Bulgari, Cartier; Automobil: Ferrari.
[168] Vgl. Kapitel 2.1.3 und 2.1.4.

Abbildung 6: Haushaltswaren von Porsche und Siemens
Quelle: http://www.siemens-home.com.

Ein ähnliches Beispiel liefert auch das Handy ‚MOTORAZR V3i DG' von dem Handyhersteller Motorola und dem italienischen Luxus-Modelabel Dolce&Gabbana (s. Abb. 7). Auch hier wird das typische Produkt von Motorola durch die Modedesigner äußerlich sehr prunkvoll und luxuriös in goldener Farbe gestaltet und somit von der herkömmlichen MOTORAZR V3i-Baureihe und von anderen Handys abgegrenzt.

Abbildung 7: Motorazr V3i DG von Motorola und D&G
Quelle: http://motorola.com

Der Konsument nimmt diese Produkte zwar als Modifikation von Siemens bzw. von Motorola wahr, aber er sieht den Einfluss der Luxusmarke als eine Aufwertung des üblichen Produktes. Wichtig ist, dass er die Leistung, die die Luxusmarke in das Produkt einbringt, erkennen kann. In beiden Beispielen ist der Beitrag der Luxusmarke das Design. Dieses wird häufig genutzt, da der Konsument Luxusmarken mit schönem, exklusivem und luxuriösem Design in

Verbindung bringt. Ein weiteres Beispiel für ein Co-Branding, bei dem eine Luxusmarke die Produkte anderer Marken designt, sind die Produkte von Puma. Puma geht eine ganze Reihe von Co-Brandings mit bekannten Luxusmarken ein und lässt ganze Kollektionen von diesen Marken designen (s. Abb. 8). So entsteht eine breite Palette an Schuhen, die von namhaften Marken aus der Automobil- (Ferrari) und der Modebranche (Jil Sander, Alexander McQueen, Neil Barret) gestaltet worden sind. Dadurch kann die Marke Puma ihr Image steigern und neue Zielgruppen erschließen. Genauso erschließen auch die Luxusmarken neue und breitere Kundengruppen und erhöhen dadurch ihren Umsatz.

Abbildung 8: Schuhe von Puma und diversen Luxusmarken
Quelle: http://puma.com.

Wie man erkennen kann, liegt auch bei solchen Co-Brandings (insb. bei Porsche-Siemens, bei Motorola-D&G und Ferrari-Puma) im erweiterten Sinn ein Markentransfer für die Luxusmarke in eine neue Produktkategorie vor. Durch die Zusammenarbeit mit einer für diese Kategorie als kompetent und führend geltenden Marke kann der Transfer in Produktkategorien erfolgen, die sonst nicht erfolgreich zu erschließen wären.

In diesem Kapitel wurden die begrifflichen Grundlagen für die Luxusmarke und für das Co-Branding gelegt. Hierbei fiel auf, dass das Co-Brand-Produkt meist eine Modifikation der beteiligten Marke ist, die durch einen für die Luxusmarke typischen Einfluss mitgestaltet wurde. Darauf basierend sollen im dritten Kapitel die Wirkungen eines solchen Co-Brandings mit einer starken Marke und einer Luxusmarke und der daraus resultierenden Kaufabsicht des Produktes untersucht werden. Hierzu wird auf ein bestehendes Modell zurückgegriffen und durch einigen Konstrukte ergänzt, um anschließend Hypothesen über die Wirkungszusammenhänge zwischen den Konstrukten abzuleiten.

	Hypothesen		Bestätigung
Spill-Over-Effekte	H_1:	Einstellungen ggü. des Co-Brands beeinflussen die Post-Einstellungen ggü. den Einzelmarken positiv.	✓
	H_2:	Pre-Einstellungen zu den Einzelmarken beeinflussen positiv die jeweiligen Post-Einstellungen.	✓
Co-Brand-Beurteilung	H_3:	Pre-Einstellungen zu den Einzelmarken beeinflussen positiv die Co-Brand-Einstellung.	✓
	H_4:	Produktfit beeinflusst positiv die Co-Brand-Einstellung.	✓
	H_5:	Markenfit beeinflusst positiv die Co-Brand-Einstellung.	✓
Markenvertrautheit	H_{6a}:	Bei geringerer (höherer) Markenvertrautheit ist der Einfluss des Co-Brands auf die Post-Einstellung höher (geringer).	X
	H_{6b}:	Bei geringerer (höherer) Markenvertrautheit ist der Einfluss der Pre- auf die Post-Einstellung geringer (höher).	✓
	H_{6c}:	Bei geringerer (höherer) Markenvertrautheit ist der Einfluss der Pre-Einstellung auf die Co-Brand-Einstellung geringer (höher).	✓
	H_{6d}:	Bei geringerer (höherer) Markenvertrautheit ist der Einfluss des Markenfit auf die Co-Brand-Einstellung geringer (höher).	✓
	H_{7a}:	Falls eine Marke eine geringere Markenvertrautheit als die andere Partnermarke aufweist, trägt sie schwächer zu der Co-Brand-Einstellung bei.	✓
	H_{7b}:	Falls eine Marke eine geringere Markenvertrautheit als die andere Partnermarke aufweist, erhält sie höhere Spill-Over-Effekte.	✓
	H_{8a}:	Falls beide Marken eine hohe Markenvertrautheit aufweisen, üben sie einen gleich hohen Einfluss auf die Co-Brand-Beurteilung aus.	✓
	H_{8b}:	Falls beide Marken eine hohe Markenvertrautheit aufweisen, erhalten beide Marken gleichstarke Spill-Over-Effekte.	✓

Tabelle 10: Die Hypothesen der Simonin/Ruth-Studie
Quelle: Simonin/Ruth (1998), S. 34 ff.; Baumgarth (2003a), S. 281.

Eine weitere Abweichung vom Simonin/Ruth-Modell ist der Austausch des Konstruktes Markeneinstellung durch das Konstrukt Markenimage. Die Grenze zwischen Image und Einstellung ist in der Literatur nicht eindeutig definiert, häufig werden diese Begriffe auch gleichgesetzt.[177] In der Marketingforschung wird das Einstellungskonzept zur empirischen Untersuchung von Marken- und Produktimages herangezogen.[178] Einige Autoren bezeichnen das Markenimage deshalb auch als eine mehrdimensionale Grundlage der Einstellung,[179] welche die subjektiven Ansichten und Vorstellungen von einem Gegenstand wiedergibt. Aus zahlreichen Arbeiten zum Image-Begriff geht hervor, dass subjektiven Ansichten aus dem subjektiven Wissen über ein Einstellungsobjekt sowie aus (gefühlsmäßigen) Wertungen gebildet werden und dass Images das Verhalten bestimmen.[180] Diesem Gedanken folgend sprechen Kroeber-Riel, Weinberg und Gröppel-Klein dem Image allgemein die gleichen Merkmale wie der Einstellung zu.[181] Der Unterschied des Images im Vergleich zur Einstellung liegt demnach darin, dass das Image mehrere Dimensionen abbildet. Aus diesem Grund bezeichnet Baumgarth ein Image[182] als ein mehrdimensionales Vorstellungsbild, das in den Köpfen der Konsumenten verankert ist und auch bei physischer Abwesenheit vorhanden ist.[183] Durch die Mehrdimensionalität ist das Image aber auch komplexer als die Einstellung. Images sind häufig nicht exakt festgelegt; jede neue Information kann sie entscheidend beeinflussen.[184]

Simonin/Ruth (1998) hatten für die Bewertung der Marken in ihrem Modell das Konstrukt Markeneinstellung verwendet. Dabei soll ein Modell erstellt werden, in dem ebenfalls Marken vor und nach dem Wissen eines Co-Brandings bewertet werden. In Anbetracht der obigen Definitionen wird deutlich, dass sich das Konstrukt Markenimage hierfür besser eignet als die Markeneinstellung, weil das Markenimage mehrere Dimensionen abbildet und durch neue Infor-

---

177 Vgl. Glogger (1999), S. 53.
178 Vgl. Koch (2004), S. 182.
179 Vgl. Trommsdorff (2009), S. 155; Kroeber-Riel/Weinberg/Gröppel-Klein (2009), S. 217; Foscht/Swoboda (2004), S. 171 f.
180 Vgl. Kroeber-Riel/Weinberg/Gröppel-Klein (2009), S. 323.
181 Vgl. Kroeber-Riel/Weinberg/Gröppel-Klein (2009), S. 210 ff.
182 "Image" stammt von dem lateinischen Wort "imago" ab, was Vorstellung bzw. Vorstellungsbild bedeutet.
183 Vgl. Baumgarth (2003a), S. 128.
184 Vgl. Salcher (1995), S. 130.

mationen kurzfristig und schneller verändert werden kann. Diese neuen Informationen sind durch die spontane Konfrontation des Probanden mit dem Co-Branding gegeben. Aus diesen Gründen wird das Konstrukt Markeneinstellung durch das Markenimage ersetzt.

Das in dieser Untersuchung zu entwickelnde Modell basiert auf dem Simonin/Ruth-Ansatz, jedoch werden im folgenden Kapitel weitere Veränderungen und Ergänzungen vorgenommen. Des Weiteren wird in dem Modell von einem Co-Branding zwischen einer Marke und einer Luxusmarke ausgegangen, wobei das Co-Brand-Produkt aus der Produktkategorie der Marke stammt und die Luxusmarke produktkategoriefern ist. Diese Anordnung ist deshalb so gewählt, da viele Luxusmarken im Co-Branding oder Markentransfer meist nur ihren Namen gegen Lizenzgebühren vergeben.[185] Demnach ist das Co-Brand-Produkt als eine Modifikation der Produkte der Marke zu sehen, die aber von charakteristischen Eigenschaften der Luxusmarke beeinflusst werden. Somit liegt hier eine große Nähe zu dem Co-Brand-Typ Multi-Co-Brand vor, wobei die Leistungsintegration der Luxusmarke ähnlich wie beim Typ Promotion Co-Brand als nicht sehr hoch wahrgenommen werden kann.[186] Der Unterschied zwischen Marke und Luxusmarke bezüglich der Produktkategorie des Co-Brand-Produktes sollte bei den folgenden Hypothesenherleitungen beachtet werden.

Nach Vorstellung des Kausalmodells von Simonin/Ruth (1998), der Begründung für den Austausch des Konstrukts Markeneinstellung durch das Konstrukt Markenimage und der Beschreibung der Marken für das Co-Branding-Modell wird im Anschluss die Konzeptualisierung des neuen Modells mit einer Marke und Luxusmarke für die vorliegende Untersuchung erfolgen.

---

[185] Vgl. Kapitel 2.1.4 und Kapitel 2.3.
[186] Zur Unterscheidung der Co-Brand-Typen vgl. Kapitel 2.2.2.

3.1.2. Bildung und Veränderung des Image

Das Markenimage vereint alle Erlebnisse, Meinungen und Urteile, die der Konsument mit einer bestimmten Marke oder einem Markenartikel assoziiert.[187] Der identitätsorientierte Markenführungsansatz unterteilt in Anlehnung an Vershofen (1940) und Keller (1993) das Markenimage in drei Dimensionen:[188] in Markenmerkmale (alle vom Nachfrager wahrgenommenen Eigenschaften einer Marke), in den aus diesen Merkmalen abgeleiteten funktionalen Nutzen der Marke (physikalisch-funktionale Merkmale) und in den symbolischen Nutzen der Marke (zusätzlicher Nutzen[189]) für den jeweiligen Nachfrager.[190] Die Relevanz dieser drei Imagekomponenten für das Kaufverhalten nimmt von den Markenattributen bis zum symbolischen Nutzen einer Marke in der Regel zu.[191] Besonders bei hochwertigen und luxuriösen Marken ist der symbolische Nutzen für die Konsumenten sehr hoch und dementsprechend mit einem höheren Markenimage verbunden.

Diverse Studien aus dem Gebiet der Erfolgsfaktorenforschung des Co-Brandings haben den positiven Einfluss der Einstellungen zu den Ausgangsmarken auf die Co-Brand-Einstellung bestätigt.[192] Mit dem Konstrukt Markenimage soll ebenfalls die Bewertung und Beurteilung der Verbraucher bezüglich der Marken wiedergegeben werden. Das Image stellt somit eine wichtige Wirkungskategorie im Rahmen des Co-Brand-Strukturmodells dar. Da Einstellung und Image in der modernen Marktforschung als Synonyme verwendet werden, können die folgenden zwei Aspekte der Einstellungsforschung auch für die Imageforschung herangezogen werden.[193]

---

[187] Vgl. Kapitel 3.1.1.
[188] Vgl. Keller (1993), S. 17.
[189] Der Begriff des Zusatznutzens geht auf den Begründer der Gesellschaft für Konsumforschung (GfK AG) in Nürnberg, Wilhelm Vershofen zurück; vgl. Vershofen (1940), S. 71 sowie Meffert (2000), S. 333.
[190] Vgl. Keller (1993), S. 17; Vershofen (1940).
[191] Vgl. Burmann/Meffert (2005), S. 54.
[192] Neben Simonin/Ruth (1998) auch McCarthy/Norris (1999); Voss/Tansuhaj (1999); Janiszewski/Osselaer (2000); Washburn/Till/Prilluck (2000); Hadjicharalambous (2001); Baumgarth (2003a).
[193] Vgl. Baumgarth (2003a), S. 191.

- Bildung von Einstellung
  - Einstellungstransfer (Semantische Generalisierung)

- Veränderung von bestehenden Einstellungen
  - Konsistenztheorien (Balance-Theorie/ Kongruenztheorie)

Der erste Aspekt liefert Erklärungsansätze für die Co-Brand-Wirkung; der zweite für die Spill-Over-Effekte.[194] Die Spill-Over-Effekte sind die Veränderungen der Markeneinstellung bzw. des Markenimages nach der Co-Branding-Kooperation der Marken. Die Feststellung einer Imageveränderung erfolgt durch den Vergleich einer Pre- mit einer Postmessung. Aus diesem Grund werden analog zum Simonin/Ruth-Modell die Image-Konstrukte der Marken vor dem Co-Branding Pre-Image und die Konstrukte nach dem Co-Branding Post-Image genannt.

Der Aspekt Bildung von Einstellungen erklärt die Co-Brand-Wirkung mit Hilfe des Einstellungstransfer-Ansatzes, der keine geschlossene Theorie darstellt, sondern vielmehr von verschiedenen Ansätzen handelt, welche die Übertragung der Einstellung von einem Einstellungsobjekt (z. B. Einzelmarke) auf ein anderes Einstellungsobjekt (z. B. Co-Brand) erklärt. Der einfachste Fall des Einstellungstransfer-Ansatzes ist die Semantische Generalisierung. Die Semantische Generalisierung ist ein Spezialfall der klassischen Konditionierung und bezeichnet einen Prozess, der eine gelernte Reaktion auf einen Reiz auch bei Kontakt mit einem ähnlichen Reiz wieder hervorruft,[195] wobei eine physische Ähnlichkeit nicht vorausgesetzt wird.[196] Mit anderen Worten besagt diese Theorie, dass zwischen zwei Objekten mit gleicher Markierung (Reiz) eine Übertragung des Images (Reaktion) und/oder der Einstellung von einem Ob-

[194] Der Einstellungstransfer wird auch als Erklärung für die Veränderung von bestehenden Einstellungen genutzt.

[195] Vgl. Zimbardo/Gerrig (2004), S. 251.

[196] Die Generalisierung kann neben einer semantischen Ähnlichkeit auch auf einer physischen Ähnlichkeit basieren. Bei einer physischen Ähnlichkeit weisen beide Objekte gemeinsame äußere Eigenschaften auf.

jekt auf das andere stattfindet, auch wenn die physischen Eigenschaften voneinander abweichen (z. B. zwei unterschiedliche Produkte derselben Marke).[197] Der Semantischen Generalisierung folgend ergibt sich somit aus der Ähnlichkeit bzw. Gleichheit der Markenelemente (z. B. in Form von Logo, Namen, Farben) verschiedener Produkte ein Einstellungs- bzw. Imagetransfer.[198]

Bezogen auf das Co-Branding werden das neue Co-Brand-Produkt und die Ausgangsmarke aufgrund der gleichen Markierung als ähnlich wahrgenommen, auch wenn sie nur wenige Übereinstimmungen bezüglich der physischen Eigenschaften aufweisen. Nach der Theorie der Semantischen Generalisierung hat diese vom Konsumenten empfundene Ähnlichkeit zur Folge, dass der Kontakt mit dem Co-Brand ein ähnliches Vorstellungsbild hervorruft wie der Kontakt mit der Ausgangsmarke. Somit wird das Vorstellungsbild der Ausgangsmarke auf das Co-Brand-Produkt übertragen und es kommt zum Imagetransfer.[199] In mehreren empirischen Co-Brand-Studien wurde festgestellt, dass die Einstellung gegenüber den Ausgangsmarken direkt auf die Einstellung gegenüber der Co-Brand-Leistung transferiert wird.[200] Übertragen auf das Markenimage ergibt sich aus diesen theoretischen Folgerungen für den Einfluss des Markenimage auf das Co-Brand-Image die erste Hypothese:

H_{1a}: Das Pre-Image einer Marke beeinflusst das Co-Brand-Image positiv.

Da Luxusmarken eine herausgehobene Position markierter Produkte beschreiben und demnach besondere und luxuriöse Marken sind,[201] lässt sich

197 Vgl. Baumgarth (2003a), S. 203 f.; zur *Semantischen Generalisierung* vgl. Osgood/Suci/Tannenbaum (1957), S. 13 f.; Zimbardo (1995), S. 270.
198 Zur Reizgeneralisierung als Erklärung des Einstellungstransfers im Markentransfer vgl. Hätty (1989), S. 100.
199 Vgl. Baumgarth (2003a), S. 204 f.
200 Dies bestätigen in ihren Studien: Simonin/Ruth (1998); McCarthy/Norris (1999); Janiszewski/Osselaer (2000); Washburn/Till/Prilluck (2000); Hadjicharalambous (2001); Vgl. hierzu Baumgarth (2003a), S. 204.
201 Vgl. zur Definition von ‚Luxusmarke' Kapitel 2.1.3 und 2.1.4.

die Theorie der Semantischen Generalisierung auch auf diese übertragen. Bezieht man also eine Luxusmarke in ein Co-Branding mit ein, so müsste sich das Vorstellungsbild (Image) einer Luxusmarke ebenfalls auf das Co-Brand-Produkt übertragen. Auch wenn man die Tatsache betrachtet, dass viele Luxusmarken ein Co-Branding eingehen und ein Co-Brand-Produkt herstellen, welches nicht aus ihrer ursprünglichen und bekannten Produktkategorie stammt,[202] sollte sich dennoch ihr luxuriöses und exklusives Image stark auf die Marke übertragen. Den Grund für die Irrelevanz der Produktkategorie liefert Lasslop (2005), mit seiner Aussage, „...die Einstufung als Luxusmarke ist holistisch und unabhängig von der Produktkategorie. Statt auf das einzelne Produkt wird auf den abstrakten Markenkern als Klammer abgestellt, die sich in jedem Produkt widerspiegelt."[203] Demnach ergibt sich hierfür folgende Vermutung:

H_{1b}:	**Das Pre-Image einer Luxusmarke beeinflusst das Co-Brand-Image positiv.**

Diese Hypothesen ergeben das folgende Wirkungsgefüge:

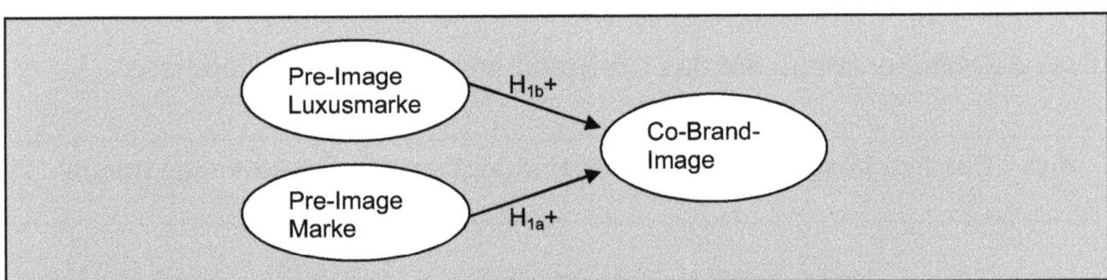

Abbildung 10: Teilmodell der Markenimage-Wirkungen
Quelle: eigene Darstellung.

Für die Erklärung der Spill-Over Effekte, also der Effekte, die sich durch die Co-Branding-Zusammenarbeit auf die Ausgangsmarken ergeben, sind die

[202] Viele Luxusmarken vergeben Lizenzen an Hersteller fremder Produktkategorien; vgl. Binder (2001).
[203] Lasslop (2005), S. 473.

„Theorien zur Einstellungsveränderung“ eine hilfreiche Ergänzung. Wie in Kapitel 2.2.3 beschrieben wurde, sind unvereinbare Images der beteiligten Marken, schlechte Erfahrungen mit dem Co-Brand und negative Ereignisse (Skandale) bei einer Partnermarke große Gefahren des Co-Branding und führen zu einem negativen Imagetransfer. Eine theoretische Erklärung für diese Effekte liefern die Konsistenztheorien.

Betrachtet man die gängigen Konsistenztheorien so gilt die Annahme, dass die Individuen versuchen, unausgeglichene oder dissonante Zustände zwischen zwei Objekten zu reduzieren, d.h. Inkongruenzen oder Dissonanzen erhöhen die Motivation zur Image- und Einstellungsänderung.[204] Eine Konsistenztheorie, die sich gut auf das Co-Branding anwenden lässt, ist die Balance-Theorie.[205] Bei der Balance-Theorie bildet die Existenz von zwei getrennten, aber verbundenen Einstellungsobjekten die Grundlage. Hierbei wird zwischen der Einstellungs- und der Beziehungsrelation unterschieden, wodurch sich bei zwei Objekten drei Relationen ergeben (Einstellung zu A, Einstellung zu B und Beziehung zwischen A und B). Diese Relationen können sowohl positiv als auch negativ sein. Eine Balance existiert dann, wenn alle drei Beziehungen das gleiche Vorzeichen haben oder wenn eine positiv und die anderen beiden negativ sind. Übertragen auf das Co-Branding kann die Beziehungsrelation als Fit[206] und die Einstellungsrelationen als die Pre-Einstellung der beiden Marken angesehen werden. Demnach herrscht bei einem Co-Brand mit positiver Pre-Einstellung zur Marke A und negativer Pre-Einstellung zur Marke B mit positivem Fit eine unbalancierte Situation.[207] Diesen unbalancierten Zustand versucht der Mensch durch Veränderung der Markeneinstellung (oder des Image)

---

[204] Vgl. Baumgarth (2003a), S. 209; zu Konsistenztheorien vgl. Eagly/Chaiken (1993), S. 455.

[205] Zur Balance-Theorie vgl. Heider (1946), Heider (1958).

[206] Der Fit ist die Ähnlichkeit zwischen zwei Objekten; eine ausführliche Behandlung erfolgt in Kapitel 3.1.3.

[207] Z. B. wenn bei einem Co-Branding Einstellung adidas = positiv, Puma = negativ und Beziehung = positiv (weil beides Sportmarken), so ergibt dies eine unbalancierte Situation; wird adidas negativ oder Puma positiv ergibt sich daraus eine balancierte Situation.

auszubalancieren, was als Spill-Over-Effekt die Post-Einstellung einer Marke beeinflusst.[208]

Auch die Kongruenztheorie von Osgood/Tannenbaum (1955) zählt zu den Konsistenztheorien. Die Kongruenztheorie differenziert neben der Richtung der Einstellungsrelationen (positiv/negativ) auch zwischen verschiedenen Intensitäten. Demnach existieren hier im Unterschied zur Balance-Theorie unterschiedlich starke Inkongruenzen, die unterschiedlich starke Motivationen zur Einstellungs-/Imageänderung zur Folge haben.[209] Abbildung 11 stellt die Gedanken der beiden Konsistenztheorien graphisch dar.

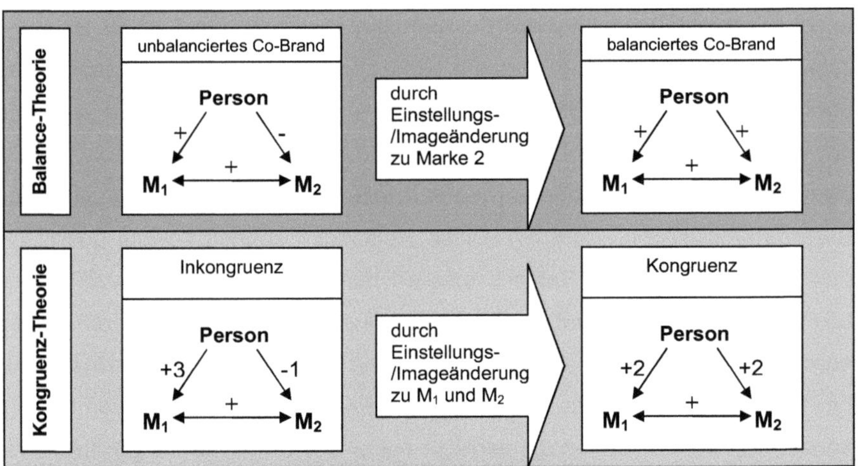

Abbildung 11: Balance-Theorie und Kongruenz-Theorie am Beispiel des Co-Branding
Quelle: eigene Darstellung in Anlehnung an Baumgarth (2003a), S. 210 ff.

Die dargestellten Konsistenztheorien liefern eine theoretische Begründung für die Spill-Over-Effekte. Entsteht durch das Co-Branding, also die Kooperation von zwei Marken, eine disharmonische oder unausgeglichene Situation für den Nachfrager, weil etwa das Image einer Marke nicht zu dem Co-Brand-

[208] Vgl. Baumgarth (2003a), S. 209 f.
[209] Vgl. Osgood/Succi/Tannenbaum (1957), S. 199.

Produkt oder zu der anderen Marke passt, so wird der Nachfrager das Markenimage bezüglich der Marke oder Marken ändern, um wieder eine ausgeglichene Situation von seinem Vorstellungsbild bezüglich der Marken zu schaffen. Demnach kann mit Hilfe der Balance- und Kongruenz-Theorie gefolgert werden, dass sich das Co-Brand-Image auf das Post-Markenimage der beteiligten Individualmarken auswirkt. Dieser Zusammenhang wird auch von der Theorie der bereits dargestellten Semantischen Generalisierung unterstützt, da ein Co-Branding mit beiden Marken ein neues Vorstellungsbild beim Nachfrager generiert, also einen neuen, gelernten Reiz darstellt. Dieses Co-Brand-Image überträgt sich bei anschließendem Kontakt mit den Individualmarken auf das Post-Image der Individualmarken.[210] Aus diesen drei Theorien ergibt sich die folgende Hypothese, die bereits in mehreren Studien empirisch belegt worden ist:[211]

H_2:	**Das Co-Brand-Image beeinflusst das Post-Markenimage der Einzelmarken positiv.**

Wird der gedankliche Zusammenhang der genannten Theorie genauer betrachtet, dann kann auch eine Beziehung zwischen dem Pre-Image und dem jeweiligen Post-Image der Marken hergeleitet werden. Wenn das Pre-Markenimage auf das Co-Brand-Image wirkt (H_{1a}, H_{1b}), und das Co-Brand-Image wiederum auf das Post-Markenimage (H_2), so kann davon ausgegangen werden, dass sich auch das Pre-Markenimage positiv auf das Post-Markenimage auswirkt. Die Tatsache, dass das Pre-Markenimage auf das Co-Brand-Image transferiert wird und somit einen Teil des Co-Brand-Images ausmacht,[212] verdeutlicht bereits eine indirekte Wirkung des Pre-Images auf das Post-Image. Das bekannte Pre-Image der Marke bildet einen Reiz, der in das Co-Branding eingeht, aber nicht völlig ausgelöscht wird, weil die Marke auch weiterhin indi-

[210] Vgl. Baumgarth (2003a), S. 204.
[211] Vgl. Simonin/Ruth (1998); Baumgarth (2003a); Janiszewski/Osselaer (2000); Washburn/Till/Prilluck (2000).
[212] Empirisch von Simonin/Ruth (1998) bestätigt.

Wird die Kategorisierungstheorie auf das Co-Branding übertragen, stellt sich die Frage, inwieweit der Konsument die beteiligten Marken entweder unter einem der beteiligten Schemata integrieren oder ein neues Schema (sog. Ad-hoc-Schema) aufbauen kann. Gelingt dem Konsumenten die Integration in ein bestehendes oder in ein Ad-hoc-Schema, so ergibt sich ein hoher Fit zwischen den Objekten (z. B. Marken oder Produkte).[229]

Unabhängig von dem Zusammenhang zwischen dem Fit und der Co-Brand-Beurteilung ist für die praktische Umsetzung wichtig, welche Faktoren den Fit determinieren. Im Rahmen der Markentransferforschung haben Park/Milberg/Lawsen (1991) zwischen Produkt- und Markenkonzeptähnlichkeit unterschieden. Darauf aufbauend haben Park/Jun/Shocker (1996) für die Co-Branding-Forschung zwischen Marken- und Produktfit unterschieden. Daran orientierten sich auch Simonin/Ruth (1998) und wählten für ihre Studie, wie bereits erwähnt, ebenfalls den Marken- und den Produktfit. Diese und auch andere Studien konnten belegen, dass der Markenfit eine hohe Bedeutung für die Beurteilung des Co-Brandings besitzt,[230] dabei ist sehr auffällig und bemerkenswert, dass in der Simonin/Ruth-Studie und in einer Replikation[231] dieser Studie von Baumgarth (2003a) der Produktfit zwar eine Bedeutung für die Co-Branding-Beurteilung besitzt, aber im Vergleich zum Markenfit einen sehr viel geringeren Einfluss darauf hat.[232]

Diese Tatsache macht die Betrachtung eines anderen Ansatzes interessant, der sich von dem hier zugrunde liegenden Simonin/Ruth-Modell unterscheidet. Dieser Ansatz der Co-Brand-Forschung unterscheidet zwischen dem Transfer-

[229] Vgl. Baumgarth (2003a), S. 225.
[230] Vgl. Baumgarth (2001b), S. 25.
[231] Eine Replikation ist die primärforscherische Wiederholung einer durchgeführten empirischen Studie; vgl. zur Replikation von Simonin/Ruth Baumgarth (2003a), S. 275 ff.; allgemein Hubbard/Armstrong (1994), S. 236.
[232] Zu den Ergebnissen der Studien vgl. Simonin/Ruth (1998), S. 36; Baumgarth (2003a), S. 294 f. und S. 301.

und dem Partnerfit.[233] Der Transferfit ist hierbei identisch mit dem Fit der Markentransferforschung, d.h. er beschreibt, wie gut die Einzelmarke zu der Leistungsklasse des Co-Brandings (Co-Branding-Produkt) passt. Der Partnerfit resultiert aus dem Verhältnis der beteiligten Marken und lässt sich in den vom vorherigen Ansatz bekannten Marken- und Produktfit unterteilen.[234] Demnach unterscheidet sich der zweite Ansatz vom ersten durch die Erweiterung um den Transferfit.

Da in dieser Studie ein Wirkungszusammenhang in einem Co-Branding mit einer Marke und einer produktkategoriefremden Luxusmarke untersucht wird, sollte der Transferfit nicht vernachlässigt werden und somit der letztgenannte Ansatz als Basis dienen. Aus diesem Grund wird hier das Grundmodell von Simonin/Ruth (1998) um den Transferfit erweitert. Die Wirkungen und Hypothesen bezüglich der Konstrukte Produktfit und Transferfit werden in den nächsten Kapiteln hergeleitet.[235] Im Folgenden wird auf die Bedeutung des Markenfit bzw. der Markenkongruenz für das Wirkungsmodell eingegangen. Zunächst soll jedoch an dieser Stelle der Begriff Markenfit aus dem S&R-Modell[236] durch Markenkongruenz ersetzt werden. Damit soll der Unterschied in der Betrachtung der Fit-Konstellationen zum S&R-Modell zum Ausdruck gebracht werden.

Der Markenfit bzw. die Markenkongruenz wurden als wichtige Einflussfaktoren der Co-Branding-Beurteilung in mehreren empirischen Studien identifiziert.[237] Hierunter versteht man die subjektive Beurteilung der Beziehung zwischen den beteiligten Marken. Die Markenkongruenz entsteht demnach aus dem Fit der Markenimages. Die theoretische Erklärung für die Wirkung des Markenfits liefern die oben vorgestellten Konsistenz- und Kategorisierungstheorien.

---

[233] Diese Unterscheidung wenden z. B. Walchi (1996), Hadjicharalambous (2001) und Baumgarth (2003a) an.

[234] Vgl. Baumgarth (2004), S. 245.

[235] Für Produktfit vgl. Kapitel 3.1.3; für Transferfit vgl. Kapitel 3.2.

[236] Simonin/Ruth-Modell (1998) wird im Folgenden durch S&R-Modell abgekürzt.

[237] Vgl. Park/Jun/Shocker (1996); Simonin/Ruth (1998); Baumgarth (2000b); Baumgarth (2003a).

sammenhänge und verdeutlicht die Nähe zum S&R-Modell. Zusätzlich sind auch neue Beziehungen wie H_{4a}, H_{4b} und H_6 hergeleitet worden. Im Folgenden wird dieses „Teilmodell" um neue Konstrukte ergänzt und erweitert. Die bereits in Kap. 3.1.2. hergeleiteten Beziehungen zwischen Markenkongruenz und dem Transferfit (H_{5b}, H_{5c}) werden erst nach Betrachtung des Konstrukts Transferfit (Kap. 3.2) graphisch ergänzt.

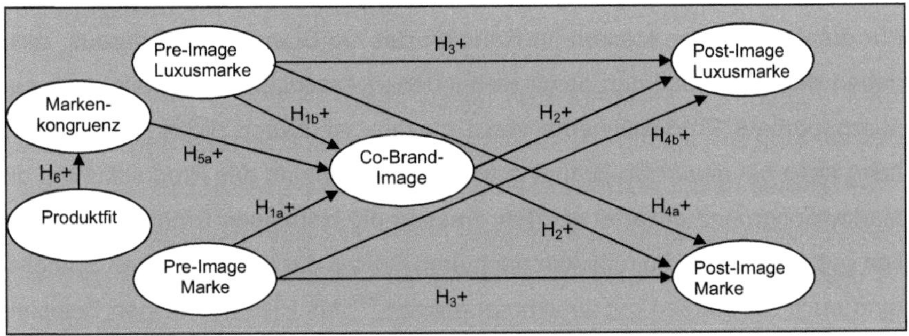

Abbildung 13: Teilmodell mit Markenkongruenz und Produktfit
Quelle: eigene Darstellung.

3.2 Ergänzung des Modells um das Konstrukt Transferfit

Einen weiteren potentiellen Erfolgsfaktor bildet der Transferfit, der bereits im Zusammenhang mit der Markenkongruenz betrachtet wurde.[249] Der Transferfit gibt das Verhältnis zwischen der Individualmarke und der Co-Brand-Leistung an. Die Erfolgswirkung dieses Konstrukts in einem Co-Branding muss mit Vorsicht betrachtet werden; der Transferfit spielt nämlich insbesondere dann eine Rolle für die Co-Brand-Beurteilung, wenn bislang keine der beteiligten Individualmarken die Co-Brand-Leistung angeboten hat (also die Co-Brand-Leistung für beide Marken einen Transfer darstellt). Beispielsweise spielt bei einer neuen Leistung (Innovations-Co-Brand), wie dem Rasierer von Philips & Nivea mit integrierter Pflegeemulsion, der Transferfit eine große Rolle, da beide Mar-

[249] Vgl. Kapitel 3.1.2.

ken bisher eine solche Leistung nicht angeboten haben. Dagegen ist bei einem Auto von Ford KA & Lufthansa der Transferfit von Lufthansa für die Co-Brand-Beurteilung (-Image) völlig unbedeutend, da die Co-Brand-Leistung aus Sicht der Abnehmer eine Modifikation der bestehenden Leistung von Ford KA darstellt.[250]

Wenn also beide Marken aus Sicht des Konsumenten für das neue Produkt einen gleichwertigen Beitrag leisten, dann ist von einer positiven Wirkung des Transferfits beider Marken auf die Co-Brand-Beurteilung auszugehen. Der direkte Effekt wird deshalb erwartet, weil der Konsument beim Co-Branding aufgrund der erhöhten Komplexität durch die Mehrzahl an Marken, einen geringen kognitiven Aufwand („Prinzip der kognitiven Ökonomie") präferiert.[251] Die positive Wirkung vom Transferfit auf das Co-Brand-Image wurde von Baumgarth (2003a) empirisch belegt.[252]

Ist das Co-Brand-Produkt aus Sicht des Konsumenten nur eine Modifikation des Produktes einer der beiden Marken (z. B. Ford KA-Lufthansa), so wird der Transferfit der produktkategoriefremden Marke (Lufthansa) nicht auf die Co-Brand-Beurteilung wirken, weil der Konsument die Leistungserstellung hauptsächlich der Kompetenz der Partnermarke zuordnet. Auch wenn die Marke gut zu der Produktkategorie passt (z. B. Lufthansa passt gut zu Autos, da Flugzeuge wie auch Autos Fortbewegungsmittel sind), kann dennoch dieser Transferfit nicht auf das Co-Brand-Image wirken, weil der Konsument das Co-Brand-Produkt als Produktmodifikation wahrnimmt. Dieser Gedanke kann mit der subjektiven Laientheorie abgeleitet werden. Der Transferfit der anderen Marke sollte hingegen positiv wirken. Übertragen auf das Beispiel sagt der Transferfit von Ford aus, wie gut die Marke Ford zu dem neuen Auto von Ford und Lufthansa passt; wie schon erwähnt, nimmt der Konsument das Co-Brand-Auto als Modifikation von Ford-Autos wahr. Durch die Existenz des Ko-

[250] Vgl. Baumgarth (2003a), S. 232.
[251] Vgl. Baumgarth (2003a), S. 373.
[252] Vgl. Baumgarth (2003a), S. 374.

operationspartners Lufthansa entsteht hier jedoch ein Einfluss, der das Produkt verändert. Hierdurch kann der Konsument bewerten, wie die Marke Ford zu dem Produkt mit dem neuen Partner passt. Hauptsächlich geht es also nicht darum, ob Ford zu Autos passt – sondern, ob Ford zu Autos mit Lufthansa-Einfluss passt. Passt ein produktkategoriefremder Partner gut zu einer Modifikationsmarke, so sollte auch das Co-Brand-Produkt gut bewertet werden. In Anbetracht dieses Zusammenhangs ist für das vorliegende Modell nur eine positive Wirkung des Transferfits der Marke auf das Co-Brand-Image zu vermuten. Eine Wirkung des Transferfits der produktkategoriefremden Luxusmarke auf das Co-Brand-Image wird nicht vermutet. Daher wird in diesem Modell nur von einer Wirkung des Transferfits der Marke auf das Co-Brand-Image ausgegangen.

H_{7a}:	**Je höher der Transferfit der Marke, desto positiver ist das Co-Brand-Image.**

Eine Luxusmarke, deren Produkte nicht aus der Produktkategorie der Co-Brand-Leistung stammen, kann natürlich dennoch einen hohen Transferfit aufweisen, auch wenn dieser nicht auf das Co-Brand-Image wirkt (H_{7a}). Basierend auf Kategorisierungs- und Schemata-Theorien liefert das Co-Branding zwischen Puma (Marke) und Ferrari (Luxusmarke) hierzu ein gutes Beispiel: Beide Marken stellen gemeinsam einen Sportschuh her, der natürlich aus der bekannten Produktkategorie von Puma stammt und demnach eine Modifikation für den Konsumenten darstellt.[253] Ferrari hat als Sportwagenhersteller mit dieser Produktkategorie recht wenig zu tun. Dennoch besitzt Ferrari einen hohen Transferfit zu dem Co-Brand-Produkt, da ein Sportwagenhersteller Assoziationen zu Sportschuhen generiert. Diese Verbindung von Ferrari (Transferfit) wirkt sich jedoch nicht direkt auf das Co-Brand-Image aus, da das Co-Brand-Produkt als Modifikation von einem Puma-Sportschuh und deshalb

[253] Vgl. o.V. (2005b).

als dessen Kompetenz angesehen wird.[254] Die logische Verbindung der Luxusmarke zum neuen Produkt lässt einen positiven Zusammenhang des Transferfits mit der Kaufabsicht vermuten, der im Folgenden genauer erläutert werden soll.

Eine Luxusmarke schafft mit ihrem exklusiven und luxuriösen Image für den Konsumenten einen besonderen, ideellen Nutzen, der darin besteht, durch den Kauf und Besitz von Luxusmarken eigene Wertvorstellungen, die Zugehörigkeit zu einer sozialen Gruppe oder Status und Prestige demonstrieren zu können.[255] Mit einer hohen, logischen Verbindung zur Co-Brand-Leistung, also einem hohen Transferfit, kann bei einem Co-Branding von einer positiven Wirkung des Transferfits einer produktkategoriefremden Luxusmarke auf die Kaufabsicht ausgegangen werden. Für den Transferfit der modifizierten Marke wird keine positive Wirkung auf die Kaufabsicht angenommen, da der Konsument die Marke mit dieser Produktkategorie schon immer in Verbindung brachte. Demnach ergibt sich hieraus folgende Hypothese:

H_{7b}: Je höher der Transferfit einer produktkategoriefremden Luxusmarke, desto höher ist die Kaufabsicht.

Abbildung 14 stellt das nicht vollständige Wirkungsmodell, erweitert um das Konstrukt Transferfit, graphisch dar. Die Beziehungen zwischen Markenkongruenz und Transferfit aus Kapitel 3.1.2 sind nun ebenfalls eingezeichnet. Die letzte Hypothese (H_{7b}) wird in das Schaubild nach Betrachtung des Konstrukts Kaufabsicht in Kapitel 3.4 ergänzt.

[254] Zu Co-Branding mit Haupt- und Nebenmarken vgl. Park/Jun/Shocker (1996), S. 459 f.
[255] Vgl. Valtin (2005), S. 29; zusätzlich Kapitel 2.1.4.

Konsument mit hoher Preisbereitschaft für eine Luxusmarke das Co-Brand-Produkt mit derselben Luxusmarke und den dazugehörenden symbolischen Zusatznutzenelementen ebenfalls positiv evaluieren.[263] Anhand dieser Ausführung lässt sich die folgende Hypothese formulieren:

H_9:	**Bei einem Co-Branding mit einer Luxusmarke besteht ein positiver Zusammenhang zwischen der Preisbereitschaft und dem Co-Brand-Image.**

3.4 Ergänzung des Modells um das Konstrukt Kaufabsicht

An dieser Stelle soll das Konstrukt Kaufabsicht in das Hypothesensystem ergänzt werden. Um einen positiven Zusammenhang herzuleiten wird zunächst die Drei-Komponenten-Theorie betrachtet. Nach der Drei-Komponenten-Theorie umfassen die Einstellungen neben affektiven (emotionalen, motivationalen) und kognitiven Komponenten noch eine Verhaltenskomponente. Mit der Beurteilung des Gegenstandes folgt im Allgemeinen die entsprechende Bereitschaft, sich dem Objekt gegenüber in einer bestimmten Weise zu verhalten, beispielsweise es zu kaufen (positive Einstellung). Es ist umstritten, ob nur von einer Verhaltenskomponente gesprochen und diese in die Einstellung eingeschlossen werden soll – oder ob das Verhalten getrennt von der Einstellung und somit als eine selbstständige Größe betrachtet werden soll, die neben der Einstellung besteht.[264] Gegenwärtig wird diese Theorie als heuristisches Organisationsschema für die Untersuchungen über Einstellungen und Verhalten angesehen,[265] die in der Einstellungs-Verhaltens-Hypothese (E-V-Hypothese) Ausdruck findet.

[263] Zu Reizgeneralisierung bei Preisbewertungen vgl. Diller (2000), S. 150.
[264] Vgl. Kroeber-Riel/Weinberg/Gröppel-Klein (2009), S. 210 ff.
[265] Vgl. Trommsdorff (2009), S. 152 ff.

Kroeber-Riel/Weinberg/Gröppel-Klein (2009) betrachten Einstellungen als einen psychischen Vorgang.[266] Das Individuum wird durch eine Motivation, die vom Einstellungsgegenstand ausgeht, zu einem bestimmten Verhalten angetrieben (z. B. Produktkauf bei positiver Einstellung). Trotz Kritik[267] an dieser Theorie sprechen sich Kroeber-Riel/Weinberg/Gröppel-Klein und auch Trommsdorff für eine Gültigkeit der E-V-Hypothesen aus.[268] Nach dieser Theorie übt also das Konstrukt Einstellung einen steuernden Einfluss auf das Verhalten von Menschen aus.[269] Hierauf basierend wird bei Kaufprognosen davon ausgegangen, dass mit zunehmender Stärke einer positiven Einstellung zum Produkt (zur Marke) die Kaufwahrscheinlichkeit steigt.[270]

Es ist zu erwähnen, dass Kroeber-Riel/Weinberg/Gröppel-Klein (2009) in ihren Ausführungen zur Einstellung eine Gleichsetzung zwischen Einstellung und Image herleiten,[271] die in Kapitel 3.1.1 ebenfalls Anwendung fand. Aus diesem Grund kann die E-V-Hypothese auch für das Konstrukt Image Anwendung finden.

Werden diese Ausführungen auf das Co-Branding übertragen, dann ist der zu beurteilende Gegenstand das Co-Brand-Produkt; der Kauf bzw. die Kaufabsicht die entsprechende Bereitschaft, sich dem Objekt gegenüber in einer bestimmten Weise zu verhalten. Im vorliegenden Modell spiegelt sich die Beurteilung im Co-Brand-Image wider, die sich je nach Wertung (positiv/negativ) in einer hohen oder geringen Kaufabsicht ausdrückt.

H_{10}: Je positiver das Co-Brand-Image, desto größer ist die Kaufabsicht gegenüber der Co-Brand-Leistung.

[266] Vgl. Kroeber-Riel/Weinberg/Gröppel-Klein (2009), S. 210 ff.
[267] Situative Einflussgrößen beeinflussen das Verhalten; auch das Verhalten kann die Einstellung bestimmen.
[268] Vgl. Trommsdorff (1998), S. 143 ff.
[269] Vgl. Seel (2003), S. 124.
[270] Vgl. Kroeber-Riel/Weinberg/Gröppel-Klein (2009), S. 218.
[271] Vgl. Kroeber-Riel/Weinberg/Gröppel-Klein (2009), S. 210 f.

Durch die Integration der Konstrukte Preisbereitschaft und Kaufabsicht wird das Hypothesensystem komplettiert. Die in diesem Kapitel postulierten Hypothesen sind zum Abschluss in der folgenden Tabelle zusammengetragen.

Hypothese	Vermuteter Zusammenhang
H_{1a}:	Das Pre-Image einer Marke beeinflusst das Co-Brand-Image positiv.
H_{1b}:	Das Pre-Image einer Luxusmarke beeinflusst das Co-Brand-Image positiv.
H_{2}:	Das Co-Brand-Image beeinflusst das Post-Markenimage der Einzelmarken positiv.
H_{3}:	Die Pre-Images der Einzelmarken beeinflussen die jeweiligen Post-Images der Einzelmarken positiv.
H_{4a}:	Das Pre-Image der Luxusmarke beeinflusst das Post-Image der Marke positiv.
H_{4b}:	Das Pre-Image der Marke beeinflusst das Post-Image der Luxusmarke positiv.
H_{5a}:	Je höher die Markenkongruenz, desto positiver ist das Co-Brand-Image.
H_{5b}:	Je höher die Markenkongruenz, desto höher ist der Transferfit einer Luxusmarke.
H_{5c}:	Je höher die Markenkongruenz, desto höher ist der Transferfit einer Marke.
H_{6}:	Je höher der Produktfit, desto höher ist die Markenkongruenz.
H_{7a}:	Je höher der Transferfit der Marke, desto positiver ist das Co-Brand-Image.
H_{7b}:	Je höher der Transferfit einer produktkategoriefremden Luxusmarke, desto höher ist die Kaufabsicht.
H_{8}:	Je höher das Pre-Image einer Luxusmarke, desto höher ist die Preisbereitschaft.
H_{9}:	Bei einem Co-Branding mit einer Luxusmarke besteht ein positiver Zusammenhang zwischen der Preisbereitschaft und dem Co-Brand-Image.
H_{10}:	Je positiver das Co-Brand-Image, desto größer ist die Kaufabsicht gegenüber der Co-Brand-Leistung.

Tabelle 11: Die Hypothesen im Überblick
Quelle: eigene Darstellung.

Abbildung 15 stellt das vollständige Kausalmodell mit allen Konstrukten und den dazugehörigen Wirkungszusammenhängen graphisch dar.

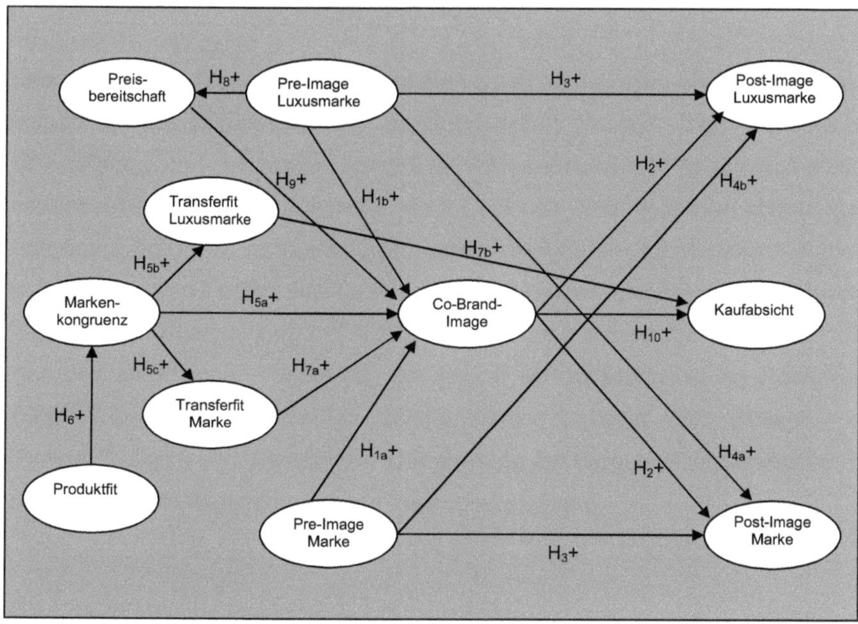

Abbildung 15: Das vollständige Kausalmodell
Quelle: eigene Darstellung.

Da das Logit-Verfahren weder Messfehler noch kausale Beziehungen zwischen hypothetischen Konstrukten berücksichtigt, scheitert dieser Ansatz somit ebenfalls an der Kriterienüberprüfung.

Eine geeignete Alternative zur Schätzung von Ursache-Wirkungs-Beziehungen bilden Lineare Strukturgleichungsmodelle. Dieser Ansatz verbindet Elemente der Faktorenanalyse mit den Elementen der Regressionsanalyse und zielt auf die Untersuchung der kausalen Beziehungen zwischen latenten Variablen ab, weswegen diese Methode in der Literatur auch als Kausalanalyse bezeichnet wird.[286] Charakteristisch für diesen Ansatz ist, dass er erlaubt, zwischen beobachtbaren und theoretischen Variablen zu trennen und dass er Messfehler angemessen berücksichtigt.[287] Darüber hinaus vermag diese Methode, die Beziehungen zwischen Einflussgrößen des zentralen Konstruktes zu überprüfen[288] sowie eine simultane Schätzung des gesamten Hypothesensystems durchzuführen;[289] womit auch das vierte Kriterium erfüllt wäre. Das Ergebnis der Kriterienprüfung lautet: Lineare Strukturgleichungsmodelle entsprechen ausnahmslos allen Anforderungen und dienen daher als methodische Basis zur Überprüfung des Hypothesensystems. Aus diesem Grund soll im Folgenden die Kausalanalyse bei der Parameterschätzung zur Anwendung kommen.

4.1.2 Die Kausalanalyse und der PLS-Ansatz

Die Kausalanalyse dient als Instrument zur Überprüfung eines theoretisch hergeleiteten Hypothesensystems anhand empirischen Datenmaterials; sie ist damit den hypothesenprüfenden (konfirmatorischen) Verfahren zuzurechnen.[290] Lineare Strukturgleichungsmodelle eröffnen dem Wissenschaftler die

---

[286] Vgl. Ohlwein (1999), S. 221.
[287] Vgl. Homburg/ Dobratz (1998), S. 450.
[288] Vgl. Jöreskog (1982), S. 82; Ohlwein (1999), S. 222.
[289] Vgl. Homburg/Pflesser (2000), S. 636.
[290] Vgl. Backhaus et al. (2003), S. 334.

Möglichkeit, Abhängigkeiten zwischen nicht direkt messbaren Variablen zu schätzen.[291] Wegen ihrer Abstraktheit müssen diese latenten Variablen mithilfe von beobachtbaren Indikatoren operationalisiert werden.[292] Kroeber-Riel und Weinberg sehen in den Indikatorvariablen „unmittelbar messbare Sachverhalte, welche das Vorliegen der gemeinten, aber nicht direkt erfassbaren Phänomene (...) anzeigen."[293] Darin ist auch der Grund für den häufigen Einsatz der Kausalanalyse in der Konsumentenverhaltensforschung zu sehen, da hier schwierig zu operationalisierende, latente Größen vorherrschen.[294]

Zur Schätzung linearer Strukturgleichungsmodelle kommen zwei unterschiedliche statistische Methoden in Betracht: die kovarianzbasierte- und die varianzbasierte Analyse.[295] Die Kovarianzstrukturanalyse ist das etabliertere der beiden Verfahren; es verdankt seinen Erfolg vor allem der frühen Verfügbarkeit des von Jöreskog/Sörbom[296] entwickelten statistischen Softwareprogrammes LISREL (LInear Structural RELationships), dass sich auf die Maximum Likelihood-Methode[297] stützt.[298] Weitere kovarianzbasierte Programme sind EQS (EQuations based Language) und das SPSS-Modul AMOS[299] (Analysis of MOment Structures).

Daneben steht mit dem von Wold (1966) propagierten PLS-Ansatz (Partial Least Squares) ein varianzbasiertes Schätzverfahren. Dabei kommt die Kleinst-Quadrat-Methode[300] in einem iterativen Prozess zum Einsatz; hierbei wird, ohne ein übergeordnetes Optimierungskriterium zu verwenden, das Ge-

291 Vgl. Huber/Herrmann/Kressmann/Vollhardt (2004), S. 1.
292 Vgl. Homburg/Giering (1998), S. 114.
293 Kroeber-Riel/Weinberg (1999), S. 31.
294 Vgl. Homburg/Dobratz (1998), S. 450.
295 Vgl. Huber/Herrmann/Kressmann/Vollhardt (2004), S. 12.
296 Vgl. Jöreskog/Sörbom (1978), Jöreskog/Sörbom (1981) und Jöreskog/Sörbom (1993).
297 Vgl. Gujarati (2003), S. 114 ff.
298 Vgl. Hahn (2002), S. 96.
299 Vgl. Ringle (2004), S. 11.
300 Vgl. Zur Kleinst-Quadrat-Methode bzw. OLS (Ordinary Least Squares) vgl. Gujarati (2003), S. 58 ff.

samtmodell in die einzelnen Regressionsgleichungen unterteilt und dann sukzessive geschätzt.[301]

Im Anschluss werden die kovarianzbasierte LISREL-Analyse und der varianzbasierte PLS-Algorithmus auf ihre Eignung zur Schätzung des vorliegenden Modells geprüft und das zweckmäßigere Verfahren ausgewählt. Bei Maximum-Likelihood-Schätzungen, auf welchen der LISREL-Ansatz beruht, wird eine Normalverteilung der Eingangsdaten vorausgesetzt.[302] Das PLS-Verfahren hingegen benötigt diese Verteilungsannahmen nicht, da diese für Kleinst-Quadrat-Algorithmen, wie für alle nicht parametrischen Verfahren nicht erforderlich sind.[303] Es spiegelt demzufolge den tatsächlichen Wissensstand des Forschers über die Daten einer praktischen Anwendung deutlich besser wider als kovarianzbasierte Verfahren. Der PLS-Ansatz kann umfangreiche Kausalmodelle mit entsprechend großer Zahl von Indikatoren verarbeiten; abgesehen von der besseren Prognosefähigkeit kann PLS umfangreiche Modelle bereits mit kleinen Stichproben schätzen.[304] Im Rahmen dieser Studie ist dies ein bedeutender Vorteil gegenüber LISREL. Darüber hinaus können keine unlogischen Werte (Heywood-Cases), wie beispielsweise negative Varianzen entstehen.

Darüber hinaus ist PLS in der Lage, sowohl reflektive als auch formative Indikatoren vorbehaltlos zur Operationalisierung latenter Konstrukte einzubinden.[305] Eggert und Fassot beschreiben den Unterschied zwischen beiden Varianten folgendermaßen: „Entscheidet sich der Forscher für ein reflektives Messmodell, so geht er von der Prämisse aus, dass die latente Variable ihre Indikatoren verursacht. (...) Hingegen unterstellt ein formatives Messmodell, dass die Indikatoren die latente Variable verursachen.“[306] Diese Differenzie-

[301] Vgl. Hahn (2002), S. 103.
[302] Vgl. Gujarati (2003), S. 114.
[303] Vgl. Huber/Herrmann/Kressmann/Vollhardt (2004), S. 9.
[304] Vgl. Herrmann/Huber/Kressmann (2004), S. 12.
[305] Zur genaueren Beschreibung von reflektiven und formativen Indikatoren sei auf Kapitel 4.1.3 verwiesen.
[306] Eggert/Fassot (2003), S. 2.

rung zwischen formativem und reflektivem Messmodell ist einerseits notwendig, um die Beziehung zwischen Indikatoren und latenten Variablen zu beschreiben, und ist andererseits von hoher Bedeutung bei der Bestimmung der Güte des Schätzmodells. Bei reflektiven Konstrukten bewirkt also die Modifikation des Konstrukts die Veränderung aller Indikatoren. Bei formativen Messmodellen führt die Veränderung eines Indikators zur Modifikation der Konstruktausprägung.[307] Bei LISREL ist die Berücksichtigung formativer Indikatorvariablen nur unter ganz bestimmten Voraussetzungen möglich. Zur Überprüfung des aufgestellten Modells wird in dieser Studie mehrfach auf formative Messmodelle zurückgegriffen; es erscheint daher ratsam, eher zur Schätzung mit PLS zu tendieren.

Letztendlich sollte aber auch der mit der Studie verfolgten Zielsetzung und dem anvisierten Anwendungsfeld Beachtung geschenkt werden. Falls man die Parameter der Beziehungen in einem theoriegeleiteten Kausalmodell möglichst genau schätzen will, dann sollte man zur kovarianzbasierten Analyse greifen.[308] Wird hingegen eher unternehmenspraktisches Ziel angestrebt so muss eine sehr gute Vorhersage (i.S.v. Erklärung der Veränderung) einer oder mehrerer Zielkonstrukte erfolgen. In diesem Fall bietet sich die varianzbasierte Kausalanalyse an.[309] Genau diese Erklärung des Co-Brand-Images und der Post-Images der Marken wird durch die vorliegende empirische Studie angestrebt; es sollen also die relevanten Einflussgrößen dieser Konstrukte identifiziert und nicht eine neue Theorie propagiert werden. Dies spricht wiederum für eine Anwendung von PLS. Die Auswertung wird mit Hilfe des Programmes PLS-Graph vorgenommen. Aufgrund seiner einfachen Handhabung durch eine graphische Oberfläche, handelt es sich um ein effektives und zugleich gut auswertbares Tool.[310]

[307] Vgl. Eggert/Fassot (2003), S. 2; Herrmann/Huber/Kressmann (2005), S. 20.
[308] Vgl. Hahn (2002), S. 107 ff.; Fornell/Cha (1994), S. 73 f.
[309] Vgl. Huber/Herrmann/Kressmann/Vollhardt (2004), S. 12.
[310] Vgl. Lohmöller (1984), S. 89 f.

4.1.3 Unterschiede formativer und reflektiver Messmodelle

Um die Unterschiede von reflektiven und formativen Indikatoren besser zu verstehen ist es hilfreich, zuerst das Mess- und das Strukturmodell zu betrachten. Beim Strukturmodell werden die latenten Konstrukte in eine Beziehung zueinander gesetzt und die Ursache-Wirkungszusammenhänge zwischen ihnen beschrieben.[311] Wegen ihres latenten Wesens, müssen die Konstrukte allerdings erst durch eine Operationalisierung mithilfe von Indikatoren messbar gemacht werden. Dies ist Aufgabe des Messmodells; es ist somit bei der Existenz von latenten Konstrukten die Voraussetzung für eine Schätzung des Strukturmodells.[312] Um potenzielle Verzerrungen zu vermeiden, sollte man einem latenten Konstrukt mehrere Indikatoren zuordnen.[313]

Wie bereits in Kapitel 4.1.2 erwähnt gibt es zwei Wege der Operationalisierung von latenten Phänomenen: das reflektive und das formative Messmodell (effect bzw. cause indicators). Zur Unterstützung der Entscheidung im Hinblick auf die Verwendung von reflektiven oder formativen Indikatoren, entwickelten Jarvis/MacKenzie/Podsakoff einen vier Punkte umfassenden Kriterienkatalog. Dieser ist in Tabelle 13 dargestellt.[314]

Huber/Herrmann/Kressmann/Vollhardt konnten jedoch zeigen, dass sich die Kriterien zwei bis vier nur als Folge der Erfüllung des ersten Punktes einstellen, und sie postulieren daher eine Verdichtung der Kriterien auf die Frage nach der Richtung der Kausalität.[315] Demzufolge stellt dieser Punkt das Hauptkriterium für die Unterscheidung eines reflektiven oder formativen Messmodells dar.

[311] Vgl. Backhaus et al. (2003), S. 336.
[312] Vgl. Backhaus et al. (2003), S. 394.
[313] Vgl. Homburg/Dobratz (1998), S. 450.
[314] Vgl. Jarvis/MacKenzie/Podsakoff (2003), S. 201.
[315] Vgl. Huber/Herrmann/Kressmann/Vollhardt (2004), S. 15.

Kriterien	Reflektives Messmodell	Formatives Messmodell
1. Richtung der Kausalität	vom Konstrukt zu den Indikatoren	von den Indikatoren zum Konstrukt
2. Austauschbarkeit der Indikatoren	Indikatoren sind austauschbar	Indikatoren sind nicht austauschbar
3. Korrelation zwischen den Indikatoren	starke Korrelation	keine Korrelation
4. Nomologisches Netzwerk der Indikatoren	sehr ähnliches nomologisches Netzwerk	keine Ähnlichkeit notwendig

Tabelle 13: Kriterienkatalog zur Spezifikation des Messmodells
Quelle: in Anlehnung an Jarvis/MacKenzie/Podsakoff (2003), S. 203.

Im reflektiven Messmodell verursacht das latente Konstrukt seine zugeordneten Indikatoren. Dementsprechend verläuft in solch einem Messmodell die Richtung der Kausalität von dem Konstrukt zu den Indikatoren. Wenn sich in diesem Fall das latente Konstrukt verändert, dann ändert sich auch der Wert aller Indikatoren.[316] In Abbildung 16 stellen das Konstrukt ξ_1 und seine Indikatoren x_1 und x_2 ein solches reflektives Messmodell dar; die Fehlerterme der Schätzung (δx_1und δx_2) befinden sich bei den Indikatoren.

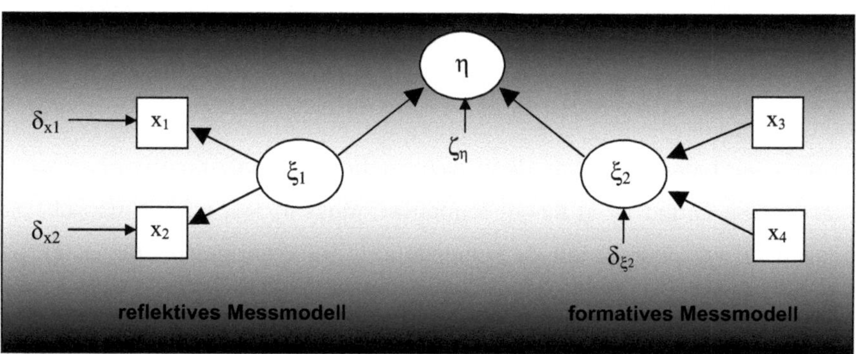

Abbildung 16: Kausalmodell mit reflektivem und formativem Messmodell
Quelle: eigene Darstellung, in Anlehnung an Eggert/Fassot (2003), S. 4.

316 Vgl. Jarvis/MacKenzie/Podsakoff (2003), S. 200 f.

Im formativen Messmodell verursachen die beobachtbaren Indikatoren das latente Konstrukt. In Abbildung 16 stellen die Indikatoren x_3 und x_4 mit dem formativen Konstrukt ξ_2 diesen Sachverhalt dar. Hierbei kann die Veränderung eines einzelnen Indikators zu einer Veränderung des latenten Konstrukts führen;[317] die Ausprägungen der übrigen Indikatoren können unterdessen unbeeinflusst und somit konstant bleiben.[318] Die Indikatorvariablen besitzen determinierenden Charakter und der Fehlerterm $\delta_{\xi 2}$ ist auf der Seite des latenten Konstrukts ξ_2, d.h. Messfehler bestehen lediglich auf der Ebene des latenten Konstruktes.[319]

Die Indikatoren im reflektiven Messmodell sollten dabei untereinander hoch korreliert sein, da sie austauschbaren Charakter haben. Demzufolge werden Indikatoren, die nur gering mit den übrigen korreliert sind, eliminiert. Wegen der Austauschbarkeit beeinflusst diese Tatsache den inhaltlichen Gehalt des Konstrukts folglich nicht.[320]

Bei der formativen Operationalisierung hingegen spiegeln die Indikatoren die unterschiedlichen Dimensionen der latenten Größe wider und müssen untereinander nicht korreliert sein. Formative Konstruktindikatoren können laut Bollen/Lenox (1991) positive, negative, oder auch gar keine Korrelationen aufweisen.[321] Da jeder Indikator einen Teil der latenten Variablen beschreibt, würde eine Eliminierung eines Indikators den konzeptionellen Inhalt des Konstruktes verändern, welches dann nicht mehr vollständig umschrieben wäre. Aus diesem Grund ist in einem formativen Messmodell, soweit möglich, die Elimination von Indikatoren zu vermeiden.[322] Die Wahl geeigneter Gütekriterien ist ebenfalls in Abhängigkeit von der Spezifikation des Messmodells zu

[317] Vgl. Jarvis/MacKenzie/Podsakoff (2003), S. 201; Eberl (2004), S. 6.
[318] Vgl. Eggert/Fassot (2003), S. 3 f.
[319] Vgl. Jarvis/MacKenzie/Podsakoff (2003), S. 200.
[320] Vgl. Eggert/Fassot (2003), S. 5.
[321] Vgl. Bollen/Lenox (1991), S. 307.
[322] Vgl. Jarvis/MacKenzie/Podsakoff (2003), S. 201; Eggert/Fassot (2003), S. 6.

treffen.[323] Die adäquaten Gütekriterien werden im folgenden Kapitel detaillierter dargestellt.

4.1.4 Gütekriterien zur Beurteilung von PLS-Modellen

Die abschließende Beurteilung der Güte einer Modellschätzung bildet die wesentliche Herausforderung der Kausalanalyse. Hierzu werden Kriterien benötigt, die einen Rückschluss auf die Validität (Gültigkeit) und Reliabilität (Zuverlässigkeit) der Modellbeziehungen sowie des Gesamtgefüges geben.[324] Die einschlägige Literatur unterscheidet dabei zwischen Kriterien zur Beurteilung der Güte des Mess- und des Strukturmodells, wobei auf Messmodellebene zusätzlich eine Differenzierung zwischen formativen und reflektiven Indikatoren notwendig ist.[325] Aufgrund der Tatsache, dass im Rahmen dieser Untersuchung sowohl reflektive als auch formative Indikatoren zum Einsatz kommen, muss auf die unterschiedlichen Gütekriterien beider Messmodelle eingegangen werden.

Im reflektiven Messmodell erfolgt die Beurteilung der Güte im Wesentlichen auf Basis der Höhe und Signifikanz der Faktorladungen der einzelnen Indikatoren. Des Weiteren spielt auch die Plausibilität der Faktorladungen (v.a. der Vorzeichen) eine Rolle zur Beurteilung der Modellgüte. Das auf Cronbach/Mehl (1955) zurückgehende Kriterium der Konstruktvalidität gibt an, wie gut sich die gewählte Operationalisierung zur Messung des latenten Konstrukts eignet.[326] Um den Nachweis von Konstruktvalidität zu erbringen, ist die verbundene Prüfung der Konvergenz von Messungen des gleichen Konstrukts (Konvergenzvalidität) und der Diskriminierungsfähigkeit der Messmodelle (Diskriminanzvalidität)[327] erforderlich. Um die Diskriminanzvalidität[328] zu

[323] Vgl. Hulland (1999), S. 201.
[324] Vgl. Hamman/Erichson (2000), S. 93.
[325] Vgl. Huber/Herrmann/Kressmann/Vollhardt (2004), S. 31.
[326] Vgl. Hildebrandt (1998), S. 89 ff.
[327] Vgl. Hildebrandt (1998), S. 91.

bewerten, eignet sich das Fornell-Larcker-Kriterium; die Konvergenzvalidität[329] ermittelt man über die durchschnittlich erfasste Varianz (DEV) und die Konstruktreliabilität.[330] Diesen Gütekriterien liegen ebenfalls die Werte der Faktorladungen zugrunde.

Weiterhin ist bei reflektiven Messmodellen zur Überprüfung der Vorhersagevalidität das Q^2 von Stone-Geisser zu berücksichtigen, welches die Prognose durch die gewählten Indikatoren mit einer trivialen Vorhersage durch die Mittelwerte der Indikatoren vergleicht. Nimmt das erhaltene Q^2 einen Wert größer als Null an, so kann dem Modell Vorhersagerelevanz zugesprochen werden.[331] Liegt der Operationalisierung Unidimensionalität vor, dann können die Indikatoren eindeutig und überschneidungsfrei einem Konstrukt zugeordnet werden; sie sollen nur auf das zugehörige Konstrukt – und nicht auf die übrigen – eine hohe Ladung aufweisen. Dies lässt sich mit Hilfe der im Rahmen einer konfirmatorischen Faktorenanalyse berechneten Kreuzladungen überprüfen.[332]

Beim formativen Messmodell stehen die Validitätsmaße im Zentrum des Interesses. Die Reliabilität der Schätzparameter des formativen Messmodells findet nur im zugehörigen t-Wert (Signifikanz) Beachtung, da sie nicht anhand der Zuverlässigkeit bewertet werden kann, mit der die Indikatoren die latente Größe erklären. Hierbei beschränkt sich die Bewertung der Konstruktvalidität auf den Aspekt der Diskriminanzvalidität; sie lässt sich mit Hilfe der Korrelationsmatrix der berechneten Konstruktwerte bemessen. Die Höhe der Schätzparameter dient als Indikator für die Vorhersagevalidität des Modells.[333] Damit man eine mögliche Multikollinearität unter den Indikatoren eines Konstruktes aufdecken kann, sollte der Variance Inflation Factor (VIF) berechnet werden;

[328] Diskriminanzvalidität beschreibt den Grad, zu dem sich Operationalisierungen von unterschiedlichen latenten Konstrukten unterscheiden; vgl. Homburg/Giering (1998), S. 118.
[329] Vgl. Homburg/Giering (1998), S. 117.
[330] Ein Synonym für Konstruktreliabilität ist der Begriff Faktorreliabilität.
[331] Vgl. Fornell/Cha (1994), S. 73.
[332] Vgl. Huber/Herrmann/Kressmann/Vollhardt (2004), S. 28.
[333] Vgl. Huber/Herrmann/Kressmann/Vollhardt (2004), S. 30.

wenn ein großer Teil der Varianz eines Indikators durch die übrigen Indikatoren des gleichen Konstruktes erklärt wird, dann nimmt er einen hohen Wert an und das Vorliegen von Multikollinearität wird wahrscheinlicher.[334]

In Tabelle 14 sind die kritischen Werte der Gütekriterien für das reflektive und das formative Messmodell zusammengestellt.

Gütekriterien	reflektives Messmodell	formatives Messmodell
Plausibilität der Ladung	Mindestanforderung	Mindestanforderung
Höhe der Ladung	> 0,8	irrelevant
t-Wert	einseitig > 1,66	zweiseitig > 1,98
Diskriminanzvalidität	Fornell-Larcker-Kriterium	Konstruktkorrelationen < 0,9
Konvergenzvalidität	DEV > 0,6 Konstruktreliabilität > 0,7	(nicht möglich) (nicht möglich)
Vorhersagevalidität	Stone-Geissers Q^2 (Kommunalität) > 0	(nicht möglich)
Multikollinearität	(nicht möglich)	VIF < 10
Unidimensionalität	Höhe und Korrelation der Residuen; Kreuzladungen	(nicht möglich)

Tabelle 14: Prüfkriterien für PLS-Modelle auf Messmodellebene
Quelle: Huber/Herrmann/Kressmann/Vollhardt (2004), S. 35 f.

Nach der Prüfung der Schätzung auf Messmodellebene, sollen nun die Beziehungen des Strukturmodells einer genaueren Betrachtung unterzogen werden. Die über die t-Werte der Bootstrapping-Prozedur ermittelte Signifikanz der Strukturparameter zeigt auf, ob zwischen den hypothetischen Konstrukten eine signifikante Beziehung besteht. Falls dies der Fall ist, dann gibt die Höhe

[334] Vgl. Gujarati (2003), S. 362.

des Pfadkoeffizienten die Stärke des Einflusses eines Konstruktes auf ein nachfolgendes Konstrukt an. Mit Hilfe des Determinationskoeffizienten R^2 wird deutlich, wie gut die Varianz einer Größe durch die kausal vorgeschalteten Konstrukte erklärt wird. Zur Ermittlung des Multikollinearitätsgrades zwischen den Indikatoren dient wiederum der Variance Inflation Factor (VIF), der sich basierend auf den von PLS berechneten Konstruktwerten bestimmen lässt.[335] Aufgrund mangelnder Simultanität der Parameterschätzung sind in PLS keine globalen Gütemaße vorhanden. Die Kriterien zur Überprüfung der Güte beschränken sich auf die Messmodell- bzw. Strukturmodellebene.[336] Dennoch kann die gemeinsame Vorhersagevalidität von Struktur- und Messmodellebene ermittelt werden. Das Modell besitzt Vorhersagerelevanz, sobald das Q^2 von Stone-Geisser einen Wert über Null annimmt, da die Summe der auf Basis der Modellparameter bestimmten Residuen geringer als die bei einer trivialen Schätzung ist.[337] Eine Übersicht über die kritischen Werte auf Strukturmodellebene erlaubt Tabelle 15:

Gütekriterien	Strukturmodell
Strukturparameter	(keine Vorgabe)
t-Wert	zweiseitig > 1,98
Determinationskoeffizient R^2	> 0,3
Multikollinearität	Variance Inflation Factor < 10
Vorhersagevalidität (bzgl. endogener reflektiver Konstrukte)	Stone-Geissers Q^2 (Redundanz) > 0

Tabelle 15: Prüfkriterien für PLS-Modelle auf Strukturmodellebene
Quelle: Huber/Herrmann/Kressmann/Vollhardt (2004), S. 35.

335 Vgl. Herrmann/Huber/Kressmann (2004), S. 26.
336 Vgl. Hulland (1999), S. 202.
337 Vgl. Herrmann/Huber/Kressmann (2004), S. 26 f.

Mit Hilfe der in diesem Kapitel vorgestellten Prüfkriterien kann die Güte der Mess- und Strukturmodellschätzung, welche Gegenstand der folgenden Abschnitte sein wird, evaluiert werden.

4.2 Zur Konzeption der empirischen Studie

4.2.1 Auswahl der Untersuchungsobjekte

Im Folgenden wird anhand einer empirischen Untersuchung überprüft, ob sich das in Kapitel 3 aufgestellte Kausalmodell mit den daraus abgeleiteten Hypothesen in der Realität bewährt. Hierzu werden empirische Daten benötigt, die der Forscher durch die Datenerhebung erhält. Die Erhebung, d.h. die Beschaffung, Aufbereitung und Erschließung von neuem Datenmaterial, wird als Primärforschung bezeichnet und findet in dieser Untersuchung Anwendung.[338] Die primäre Datengewinnung kann entweder durch Beobachtung oder durch Befragung erfolgen; hierbei unterscheidet man zwischen der schriftlichen, mündlichen, telefonischen und der Online-Befragung. In der Studie wird die Online-Befragung zur Anwendung kommen; die Gründe dafür und eine ausführliche Beschreibung dieser Befragungsmethode folgen in Kapitel 4.2.2. Zunächst sollen der Inhalt der Untersuchung und das Untersuchungsobjekt näher erläutert werden.

Das Untersuchungsobjekt im Rahmen dieser Studie soll eine Co-Branding Leistung sein, die in Zusammenarbeit von zwei Marken erstellt wird. Hierbei fokussiert die Studie auf den Sportartikelbereich. Als Untersuchungsobjekt wurde ein ‚Lifestyle-Sportschuh'[339] ausgewählt, da diese Produktkategorie allgemein bekannt und somit auch einer sehr großen Anzahl an Menschen

[338] Im Unterschied zur Primärforschung gibt es die Sekundärforschung: Sie liegt dann vor, wenn im Rahmen einer Untersuchung oder Studie auf Daten zugegriffen werden, die nicht eigens für die Studie erhoben wurden; man bedient sich hierbei bei bereits vorhandener Daten oder bereits ausgewertetem Informationsmaterial; vgl. Hüttner (1997), S. 22 f.

[339] Mit Lifestyle-Sportschuh ist ein modischer Sportschuh gemeint, der nicht unbedingt nur für sportliche Zwecke genutzt, sondern auch im alltäglichen Gebrauch getragen wird.

vertraut ist. Bei der Suche nach geeigneten Marken aus der Sportartikelbranche, also aus der Produktkategorie der Co-Brand-Leistung, kommen die führenden Hersteller adidas, Nike und Puma in Betracht. Für die vorliegende Untersuchung wurde der Sportartikel-Marke adidas ausgewählt.

Um dem Thema dieses Beitrags gerecht zu werden, muss eine der beiden zu untersuchenden Marken eine Luxusmarke sein. Diese Luxusmarke sollte aber nicht aus derselben Produktkategorie stammen wie die Partnermarke; die Entscheidung fiel daher auf eine Luxusmarke aus der Automobilbranche. Dabei musste ebenfalls eine Marke gefunden werden, die einer großen Anzahl von Probanden bekannt ist. Die Wahl fiel demzufolge auf den Luxussportwagenhersteller Porsche.

Zu den wesentlichen Kriterien für die erfolgreiche Durchführung einer Befragung gehört es, dass Fragen und Inhalte von den Befragten so verstanden werden, wie vom Forscher beabsichtigt.[340] Die Marke Porsche fungiert in der vorliegenden Untersuchung als Luxusmarke. Zur empirischen Absicherung diente eine Vorstudie. Ziel war es zu überprüfen, ob die Probanden die Marke Porsche tatsächlich als Luxusmarke sehen. In dieser Vorstudie wurden 32 Probanden zum Thema „Luxusmarken aus der Automobilbranche“ befragt. Jeder Befragte sollte spontan und ohne Rangfolge sieben Luxusmarken nennen. Dabei genügte die Nennung des Herstellers, nach der konkreten Produktmarke wurde nicht gefragt. Dadurch sollte vermieden werden, dass die Luxusmodelle von Autoherstellern genannt werden, die von den Konsumenten eigentlich gar nicht als Luxusmarken betrachtet werden.[341] Das Resultat war zufriedenstellend; Porsche wurde, gemeinsam mit Ferrari, am häufigsten genannt (30-mal) und kann demnach als Luxusmarke angesehen werden.

[340] Vgl. Kurz/Prüfer/Rexroth (2003), S. 83.
[341] Zum Beispiel produziert Volkswagen (VW) das Luxusmodell Phaeton; BMW die 7er Reihe; Audi den A8.

Folglich werden die Marke adidas und die Luxusmarke Porsche betrachtet, die gemeinsam im Rahmen dieser Studie eine fiktive Kooperation eingehen und einen neuen Lifestyle-Sportschuh entwickeln. Damit die Probanden eine bildliche Vorstellung von dem fiktiven Porsche-adidas-Schuh haben, wurde ein aktuelles adidas-Schuhmodell, bewusst in der typischen Porsche-Farbe Grau, ausgewählt. Anschließend wurde dieser adidas-Schuh mit einem Bildbearbeitungsprogramm bearbeitet. So war es möglich, auf den Schuh mit den typischen „Drei-Streifen“ von adidas, zusätzlich das Porsche-Label und einen Porsche-Schriftzug anzubringen. Damit wurde die Kooperation auch auf dem Co-Brand-Produkt sichtbar gemacht, so wie es die Co-Branding-Definition verlangt.[342] Das gewählte Untersuchungsobjekt ist in Abbildung 17 dargestellt.[343]

Abbildung 17: Das Untersuchungsobjekt ‚Lifestyle-Sportschuh von Porsche und adidas'

Quelle: eigene Darstellung.

---

342 Vgl. Kapitel 2.2.1.

343 Der abgebildete Schuh ist eine Fotomontage, um sich die Objekte besser vorzustellen; der Schuh wurde aus der aktuellen Kollektion von adidas genommen und mit dem Porsche-Logo versehen.

4.2.2 Online-Befragung

Für die Datengewinnung mittels Befragung gibt es unterschiedliche Varianten, die in Betracht kommen: Die schriftliche, die mündliche, die telefonische sowie die Online-Befragung. In dieser Studie soll die Online-Befragung zur Anwendung kommen. Die Entscheidung für diese Erhebungsmethode basiert auf einer Abwägung der Vor- und Nachteile, die im Folgenden erörtert werden.

Eine Online-Befragung zeichnet sich dadurch aus, dass sie im World Wide Web (www) ausgefüllt wird,[344] d.h. der Proband beantwortet den Fragebogen direkt auf einer Webseite. Der Forscher übermittelt dem Probanden einen Link über den der Proband diese Webseite erreicht. Dadurch grenzt sie sich von einer Email-Befragung ab.[345] Die Online-Befragung ermöglicht die Generierung von großen Datenmengen bei vergleichsweise geringem Aufwand im Hinblick auf Kosten und Zeit.[346] Darüber hinaus entstehen bei dieser Befragungsart keine Interviewerkosten und die Dauer der Feldphase verkürzt sich erheblich, besonders im Vergleich zu einer schriftlichen Befragung.[347] Auch der Interviewer-Bias, der zu Ergebnis-Verzerrungen führen kann, entfällt.[348] Darüber hinaus findet bei der Online-Befragung kein Medienbruch statt, womit Fehler beim Datenübertrag ausgeschlossen werden können. Die Nachteile dieses Ansatzes – wie etwa die Gefahr einer geringen Repräsentativität durch zu wenige Teilnehmer oder unsorgfältig oder bewusst falsch ausgefüllten Fragebogen – sind auch bei anderen Methoden vorzufinden und können in Kauf genommen werden.[349] Aufgrund der oben genannten Vorteile fällt die Entscheidung zugunsten Durchführung einer Online-Befragung aus.

[344] Die alternative Bezeichnung ist die www-Befragung.
[345] Vgl. Starsetzki (2001), S. 43 f.
[346] Vgl. Zerr (2001), S. 12.
[347] Vgl. Batinic (2001), S. 125 ff.
[348] Vgl. Zerr (2001), S. 12 ff.
[349] Vgl. Batinic (2001), S. 119.

4.2.3 Aufbau der Befragung

Für die empirische Studie wurde die oben beschriebene Online-Befragung durchgeführt. Der Fragebogen begann mit einer Einleitung, in der der Proband über den Gegenstand der Untersuchung (Studie über Luxusmarken im Co-Branding) informiert wurde.[350] Der Hauptteil des Online-Fragebogens besteht im Wesentlichen aus der Abfrage von Indikatoren, die zur Operationalisierung der latenten Modellkonstrukte dienen.[351] Die Indikatoren wurden als Aussagen formuliert und mithilfe von siebenstufigen Likert-Skalen bewertet. Durch die Einteilung der Skalen in sieben Ausprägungen entsteht ein guter Kompromiss zwischen hoher Reliabilität (wenig Skalenpunkte) und großer Varianz der Daten (viele Skalenpunkte).[352]

In den ersten beiden Fragen wurde das Markenimage der beiden Marken vor der Kenntnis eines gemeinsamen Co-Brand-Produktes bzw. der Kooperation der beiden Marken abgefragt (Pre-Markenimage). In der folgenden Frage ist zunächst das Co-Brand-Produkt[353] ausführlich beschrieben und zur besseren Vorstellung mit einer entsprechenden Fotomontage bildlich dargestellt.[354] Danach wurden die Probanden zu dem Co-Brand-Image des vorgestellten Produktes befragt.

Anschließend folgten Fragen zu dem Transferfit, den Produktfit, der Markenkongruenz, zur Preisbereitschaft und zur Kaufabsicht. Dann wurde wiederum das Image der beiden Marken abgefragt (Post-Markenimage). Den Schlussteil des Fragebogens bildeten Fragen zu sozio-demographischen Merkmalen der Auskunftspersonen.

---

[350] Die Offline-Version des Online-Fragebogens befindet sich im Anhang dieser Arbeit.
[351] Vgl. Kapitel 4.3.
[352] Vgl. Nieschlag/Dichtl/Hörschgen (1997), S. 693 ff.
[353] Der Lifestyle-Sportschuh von Porsche-adidas.
[354] Vgl. Kapitel 4.2.1.

Abbildung 18 zeigt einen Überblick über den Aufbau der Befragung.

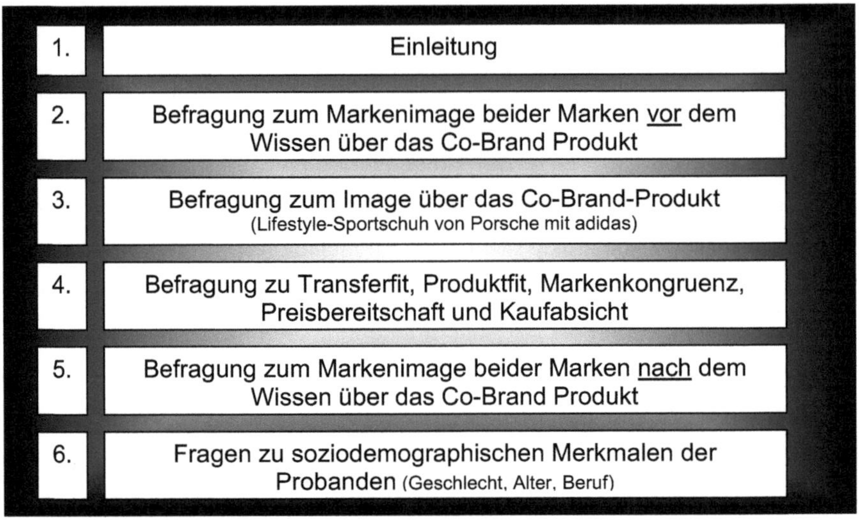

1.	Einleitung
2.	Befragung zum Markenimage beider Marken vor dem Wissen über das Co-Brand Produkt
3.	Befragung zum Image über das Co-Brand-Produkt (Lifestyle-Sportschuh von Porsche mit adidas)
4.	Befragung zu Transferfit, Produktfit, Markenkongruenz, Preisbereitschaft und Kaufabsicht
5.	Befragung zum Markenimage beider Marken nach dem Wissen über das Co-Brand Produkt
6.	Fragen zu soziodemographischen Merkmalen der Probanden (Geschlecht, Alter, Beruf)

Abbildung 18: Aufbau des Fragebogens
Quelle: eigene Darstellung.

4.2.4 Angaben zur Stichprobe und zu den Auskunftspersonen

Für die Befragung wurden mehrere Hundert Personen per Email angeschrieben. Der Fokus der Analyse lag darauf, Konsumenten hinsichtlich ihrer Wahrnehmung und Wirkung des Images einer Luxusmarke in Bezug auf die Zusammenarbeit mit einer anderen Marke zu befragen. Nach ca. 12 Tagen hatten insgesamt 282 Teilnehmer den Fragebogen ausgefüllt. Der außergewöhnlich hohe Rücklauf spricht für ein überaus großes Interesse der Befragten an der Thematik. Somit ergab sich für das Kausalmodell ein Stichprobenumfang von n = 282. Die Stichprobe der Umfrage bestand zu jeweils ungefähr der Hälfte aus weiblichen und männlichen Probanden; 149 Teilnehmerinnen (52,65%) standen 134 Teilnehmer (47,35%) gegenüber.

4.3 Operationalisierung der Modellkonstrukte

4.3.1 Zur Vorgehensweise bei der Operationalisierung der Modellkonstrukte

Für die empirische Überprüfung des entwickelten Hypothesengefüges, müssen die darin verwendeten Konstrukte mittels einer Operationalisierung messbar gemacht werden. Die Generierung der Indikatoren und der Skalen erfolgte anhand vergangener empirischer Studien sowie mithilfe von Literaturauswertung. In diesem Zusammenhang wurden die Indikatoren bezüglich ihrer Übertragbarkeit auf die vorliegende Studie sowie ihrer Güte geprüft. Für die Beurteilung der Qualität eignen sich Reliabiltäts- und Validitätskriterien. Die Indikatoren, die mit den jeweiligen Konstrukten in Beziehung stehen, wurden anhand des oben beschriebenen Fragebogens abgefragt.[355] Die Fragen wurden mit einer siebenstufigen Skala versehen, auf der die Probanden ihre Zustimmung zu den gemachten Aussagen zwischen zwei Extrempunkten („trifft voll zu – trifft gar nicht zu"; „passt gut – passt nicht gut"; „wahrscheinlich – unwahrscheinlich") differenzieren können. Die Untersuchung erfolgte in zwei Schritten:

1. Die Quantitative Untersuchung auf Messmodellebene (Überprüfung der Indikatoren; findet in Kapitel 4.3 statt.)

2. Schätzung auf Strukturmodellebene (Überprüfung der Hypothesen; findet in Kapitel 4.4 statt.)

4.3.2 Operationalisierung des Markenimages

Wie bereits in Kapitel 3.1.1 dargelegt, werden die Einstellung und das Image von vielen Autoren und insbesondere in der modernen Marktforschung als Sy-

[355] Vgl. Kapitel 4.2.3.

nonyme verwendet.[356] Zur Messung von Images bieten sich quantitativen Hilfstechniken an.[357] Quantitative Hilfstechniken sind z. B. das Semantische Differential nach Osgood/Suci/Tannenbaum (1957) oder das diesem sehr ähnliche Polaritätenprofil[358]; dabei werden gegensätzliche Eigenschaftspaare (z.B. gut – schlecht) mit Hilfe einer 7-stufigen bipolaren Rating-Skala vorgegeben und in Bezug auf das Objekt bewertet.[359] Diese Hilfstechniken werden aufgrund ihrer einfachen Handhabung für die Einstellungs- und Imageforschung angewendet.

Auf diesem Prinzip basierte auch die Operationalisierung der Einstellung in der Untersuchung von Simonin/Ruth (1998). Die Autoren verwenden zur Messung der Markeneinstellung und der Einstellung zum Co-Brand jeweils die drei Indikatoren ‚bad – good', ‚negative – positive' und ‚unfavorable – favorable',[360] welche auch Baumgarth (2003a) in einer deutschen Übersetzung anwendete.[361] Diese drei Indikatoren bilden jedoch nur eine Dimension ab, (die Indikatoren ‚gut', ‚positiv', ‚vorteilhaft' beschreiben alle das allgemeine Urteil bzgl. der Marke) und eignen sich nicht für die Messung eines mehrdimensionalen Images.

Für die Messung des Markenimages zieht Salcher (1995) das Polaritätenprofil von Hofstätter (1973) als Grundlage heran. Der Autor bietet für die Messung des Markenimage ein Polaritätenprofil mit elf entgegengesetzten Eigenschaftswörtern an,[362] welche gemäß Definition auch mehrere Dimensionen widerspiegeln. Für die vorliegende Befragung soll die Abfrage als positiv formulierte Aussage über die Markenimages erfolgen, zu welcher der Befragte seine Zustimmung ausdrücken kann. Aus ökonomischen Gründen und aus

[356] Vgl. Kapitel 3.1.1 und 3.1.2 sowie Koch (2004), S. 182.
[357] Vgl. Baumgarth (2003a), S. 128; Salcher (1995), S. 162.
[358] Vgl. Hofstätter (1973).
[359] Vgl. Osgood/Suci/Tannenbaum (1978), S. 189 ff.; Koch (2004), S. 191 f.
[360] Vgl. Simonin/Ruth (1998), S. 35.
[361] Vgl. Baumgarth (2003a), S. 288.
[362] Vgl. Salcher, S. 162.

Rücksicht auf die Länge der Befragung sollen die elf Eigenschaftswörter[363] auf drei reduziert werden. Die gewählten Indikatoren sollten aber möglichst auch die wichtigen und unterschiedlichen Dimensionen des Markenimages aus dem identitätsorientierten Markenführungsansatz widerspiegeln.[364] Die Wahl fiel auf die Indikatoren ‚interessant', ‚hochwertig', und ‚attraktiv'. So spiegelt ‚attraktiv' den für das Markenimage so bedeutsamen symbolischen Nutzen wider. Nach Herrmann (1998) verkörpert der funktionale Nutzen gewissermaßen die funktionale Qualität.[365] Der Indikator ‚hochwertig' repräsentiert demnach die funktionale Qualität der Marke aus Sicht des Betrachters. Die Markenattribute lassen sich durch den Indikator ‚interessant' darstellen.

Ob diese Skala das Konstrukt Markenimage für die vorliegende Untersuchung adäquat erfasst, und ob sie als reliabel und valide betrachtet werden kann, wird nachfolgend geprüft. In Kapitel 4.1.3 wurde beschrieben, dass ein korrekt spezifiziertes Messmodell für die Wahl der Gütekriterien und die Bestimmung der Indikatoren unverzichtbar ist. Demzufolge ist die Entscheidung besonders wichtig, ob ein reflektiver oder ein formativer Zusammenhang zwischen den Indikatoren und dem Konstrukt vorliegt. In der Studie von Simonin/Ruth (1998) und auch von Baumgarth (2003a) werden die besagten Indikatoren zur Operationalisierung der Einstellung verwendet. Jeder einzelne der drei Indikatoren repräsentiert das Konstrukt Einstellung und verändert sich bei einer Variation des Konstruktwertes; zudem wird deutlich, dass die Indikatoren austauschbare Repräsentanten des Konstrukts sind. Damit wurde für diese Studien ein reflektives Messmodell unterstellt.

Im Gegensatz dazu lässt sich bei dem Konstrukt Markenimage aus der vorliegenden Studie ein anderer Zusammenhang zwischen den Indikatoren und dem Konstrukt feststellen: Hier identifiziert jeder Indikator eine andere Dimension des Konstrukts. Aus diesem Grund sind die Indikatoren auch keine aus-

[363] Modern, jung, billig, interessant, beliebt, hochwertig, langlebig, wichtig, bekannt, auffällig, attraktiv.
[364] Zum identitätsor. Markenführungsansatz vgl. Kapitel 3.1.2 und Burmann/Meffert (2005), S. 54.
[365] Vgl. Herrmann (1998), S. 162. Dies steht auch im Einklang mit der Begriffsauffassung des DIN.

tauschbaren Repräsentanten, sondern steuernde Stellgrößen des Konstrukts. Demzufolge beeinflussen die einzelnen Indikatoren den Wert des Konstrukts Markenimage. Ändert sich die Ausprägung einer Indikatorvariablen, so können die anderen davon unbeeinflusst bleiben; dagegen variiert der Konstruktwert mit jeder Veränderung eines Indikators. Somit liegt ein formatives Messmodell für das Konstrukt Markenimage zugrunde.

Bei formativen Operationalisierungen interessiert vor allem die Signifikanz der Gewichte der einzelnen Indikatoren. Tabelle 16 stellt die entsprechenden Werte für das Pre- und das Post-Image[366] der beiden Marken im Überblick dar.

	Indikatoren	Gewicht	t-Wert
Pre-Image Porsche	Indikator 1: Die Marke Porsche ist interessant.	0,3608	4,0918
	Indikator 2: Die Marke Porsche ist hochwertig.	0,2416	2,3511
	Indikator 3: Die Marke Porsche ist attraktiv.	0,5715	6,5040
Pre-Image adidas	Indikator 1: Die Marke adidas ist interessant.	0,4585	4,0627
	Indikator 2: Die Marke adidas ist hochwertig.	0,5126	4,0076
	Indikator 3: Die Marke adidas ist attraktiv.	0,2700	2,1321
Post-Image Porsche	Indikator 1: Die Marke Porsche ist interessant.	0,5515	5,4924
	Indikator 2: Die Marke Porsche ist hochwertig.	0,2435	2,4209
	Indikator 3: Die Marke Porsche ist attraktiv.	0,3469	2,6062
Post-Image adidas	Indikator 1: Die Marke adidas ist interessant.	0,2792	2,4392
	Indikator 2: Die Marke adidas ist hochwertig.	0,3577	2,2684
	Indikator 3: Die Marke adidas ist attraktiv.	0,3913	3,3225

Tabelle 16: Operationalisierung des Markenimages
Quelle: eigene Darstellung.

[366] Eine Unterteilung in Pre- und Post-Image fand statt, um eine(n) Image-Transfer/-Veränderung zu ermitteln.

Als weitere Gütekriterien für ein formatives Messmodell wurden in Kapitel 4.1.4 die Diskriminanzvalidität und die Multikollinearität vorgestellt. Tabelle 17 verdeutlicht, dass im vorliegenden Fall die Prüfkriterien Diskriminanzvalidität und Multikollinearität für ein formatives Messmodell erfüllt werden.

Gütekriterien	Pre-Image Porsche	Pre-Image adidas	Post-Image Porsche	Post-Image adidas
Diskriminanzvalidität Konstruktkorrelation	Alle < 0,9	Alle < 0,9	Alle < 0,9	Alle < 0,9
Multikollinearität Variance Inflation Factor	Alle < 10	Alle < 10	Alle < 10	Alle < 10

Tabelle 17: Gütekriterien der Operationalisierung des Markenimage
Quelle: eigene Darstellung.

Insgesamt kann das hier vorgestellte drei Indikatoren umfassende Messmodell als geeignetes Instrumentarium zur Messung des Konstrukts Markenimage angesehen werden.

4.3.3 Operationalisierung des Co-Brand-Image

Zur Messung des Konstruktes Co-Brand-Image findet das gleiche, als reliabel und valide getestete Instrumentarium wie zur Operationalisierung des Markenimages Verwendung.[367] Die Operationalisierung bezieht sich damit wiederum auf die Arbeit von Hofstätter (1973), die Salcher (1995) auf das Markenimage übertragen hat. Auch hier finden dieselben reduzierten Indikatoren Anwendung, um eine vergleichbare Beurteilung zu erhalten.[368] Wie bereits in Kapitel 4.3.2 gezeigt, unterstellt diese Art der Operationalisierung einen formativen Zusammenhang zwischen den Indikatoren und dem Konstrukt.

[367] Vgl. Kapitel 4.3.2.
[368] So werden die Pre- und Post-Images beider Marken und das Co-Brand-Image mit dem selben Messinventar ermittelt.

Das gewählte Instrumentarium wird bezüglich des Co-Brand-Images anhand der Prüfkriterien für formative Operationalisierungen evaluiert. Tabelle 18 stellt die Gewichte und t-Werte dar.

	Indikatoren	Gewicht	t-Wert
Co-Brand-Image	Indikator 1: Das neue Produkt „Lifestyle-Sportschuh" von adidas und Porsche ist interessant.	0,4368	4,1704
	Indikator 2: Das neue Produkt „Lifestyle-Sportschuh" von adidas und Porsche ist hochwertig.	0,4611	5,1930
	Indikator 4: Das neue Produkt „Lifestyle-Sportschuh" von adidas und Porsche ist attraktiv.	0,2631	2,2555

Tabelle 18: Operationalisierung des Co-Brand-Image
Quelle: eigene Darstellung.

Die Prüfkriterien für formative Messmodelle können auch hier erfüllt werden (siehe Tab. 19).

Gütekriterien	Co-Brand-Image adidas-Porsche
Diskriminanzvalidität Konstruktkorrelation	Alle < 0,9
Multikollinearität Variance Inflation Factor	Alle < 10

Tabelle 19: Gütekriterien der Operationalisierung des Co-Brand-Image
Quelle: eigene Darstellung.

4.3.4 Operationalisierung der Markenkongruenz

Zur Messung des Markenfits bei Co-Brandings verwendeten Simonin/Ruth (1998) ein zwei Indikatoren umfassendes Instrumentarium, welches wiederum aus einer empirischen Studie von Aaker/Keller (1990) im Markentransferbereich abgeleitet wurde.[369] Baumgarth (2003a) bezog sich in seiner Erfolgsfaktorenstudie zum Co-Branding bei der Operationalisierung der Markenkongruenz auf diese beiden Indikatoren und lieferte dadurch eine deutsche Übersetzung. Er ergänzte jedoch die beiden ursprünglichen Indikatoren „Die Marken weisen keine Widersprüche auf" und „Die Marken ergänzen sich" um den dritten Indikator „Die Marken sind stimmig".[370] Diese drei Indikatoren wendete Baumgarth (2003a) für die Operationalisierung des Markenfits an. In der vorliegenden Studie beschreibt die Markenkongruenz die Ähnlichkeit zwischen den Marken und hat demnach dieselbe Bedeutung wie der Markenfit von Baumgarth (2003a) bzw. von Simonin/Ruth (1998). Aus diesem Grund lassen sich diese Indikatoren für die Operationalisierung der Markenkongruenz für die vorliegende Studie anwenden.

Des Weiteren ist auch hier zu prüfen, ob das Konstrukt der Markenkongruenz reflektiv oder formativ zu operationalisieren ist. In den angeführten Studien wurde ein reflektiver Zusammenhang zwischen den Indikatoren und dem Konstrukt unterstellt; dies erscheint logisch, da jeder Indikator das Konstrukt repräsentiert und sich bei einer Variation des Konstruktwertes verändert. Das Konstrukt Markenkongruenz verursacht in der vorliegenden Skala somit die Ausprägungen seiner Indikatoren, was einen reflektiven Zusammenhang bestätigt.

Nach dieser Feststellung erfolgt die Beurteilung der Indikatoren auf Messmodellebene. Bei reflektiven Operationalisierungen sind neben den t-Werten nicht die Gewichte sondern die Faktorladungen von Interesse. Die Berechnung der t-Werte mit Hilfe des Bootstrapping ergab signifikante Ergebnisse, da die Werte bei allen Indikatoren deutlich größer als 1,66 sind. Die geschätzten Faktorladungen liegen alle im unkritischen Bereich; sie sind positiv, signifikant

---

[369] Vgl. Simonin/Ruth (1998), S. 35; Aaker/Keller (1990), S. 31.
[370] Vgl. Baumgarth (2003a), S. 355.

und größer als 0,8 und bestehen somit die Plausibilitätsprüfung. Tabelle 20 stellt die genauen Ergebnisse der Faktorladungen und t-Werte dar.

	Indikatoren	Faktorladung	t-Wert
adidas-Porsche	Indikator 1: Die Marken ergänzen sich.	0,8853	36,0200
	Indikator 2: Die Marken sind stimmig.	0,9341	105,8351
	Indikator 3: Die Marken weisen keine Widersprüche auf.	0,8273	28,0401

Tabelle 20: Operationalisierung der Markenkongruenz
Quelle: eigene Darstellung.

Wie in Kapitel 4.1.4 beschrieben, existieren zur Evaluation von reflektiven Konstrukten auf Messmodellebene noch weitere Gütekriterien. Das Fornell-Lacker-Kriterium wird herangezogen, um die Diskriminanzvalidität des Messmodells zu schätzen. Die Durchschnittlich erfasste Varianz (DEV) und die Konstruktreliabilität sind notwendig, um die Konvergenzvalidität zu beurteilen. Wenn der Wert Q^2 nach Stone-Geisser über Null liegt, dann ist die Summe der Residuen für das geschätzte Modell kleiner als die Summe der Residuen der trivialen Schätzung und dem Konstrukt wird Vorhersagevalidität zugesprochen. Zuletzt wird die Höhe der Korrelationen auf Unidimensionalität geprüft.

Das Fornell-Larcker-Kriterium und die Kriterien zur Überprüfung der Konvergenzvalidität sind allesamt erfüllt. Das Q^2 nach Stone-Geisser liegt über Null, wodurch dem Messmodell Vorhersagevalidität bescheinigt wird. Die Unidimensionalität der Messung wird ebenfalls gewährleistet. Somit belegen die Prüfkriterien erwartungsgemäß die Eignung dieses Messinstrumentariums zur Operationalisierung der Markenkongruenz. Tabelle 21 stellt alle Gütekriterien im Überblick dar.

Gütekriterien	adidas-Porsche-Modell
Diskriminanzvalidität Fornell-Larcker Kriterium	erfüllt
Konvergenzvalidität Durchschnittlich erfasste Varianz (DEV) Konstruktreliabilität	0,780 0,914
Vorhersagevalidität Stone-Geissers Q^2	0,5316
Unidimensionalität	erfüllt

Tabelle 21: Gütekriterien der Operationalisierung der Markenkongruenz
Quelle: eigene Darstellung.

4.3.5 Operationalisierung des Produktfit

Wie in Kapitel 3.1.4 erörtert, beschreibt der Produktfit, wie gut die Produkte der Marken aus Sicht des Befragten zusammenpassen. In der Simonin/Ruth-Studie wurde auch diese Fit-Form verwendet und mit denselben zwei Indikatoren wie beim Markenfit operationalisiert. Die Indikatoren lauten übersetzt: „Die Produkte passen zusammen" und „die Produkte weisen keine Widersprüche auf". Die Autoren haben auch diese Indikatoren aus der Markentransferstudie von Aaker/Keller (1990) abgeleitet.[371]

Auf den mit diesen Indikatoren operationalisierten Produktfit bezieht sich auch Baumgarth (2003a). Hierbei verwendet er jedoch nur einen Indikator („Wie gut passen die Produkte zusammen?"), weil er die Konstrukte in seinem Modell zwar mehrfaktoriell, aber auch mit „möglichst wenigen Items operationalisiert".[372] So realisiert der Autor einen relativ geringen Aufwand für die Auskunftspersonen.[373] Da für die vorliegende Studie ebenfalls ein möglichst

[371] Vgl. Simonin/Ruth (1998), S. 35.
[372] Baumgarth (2003a), S. 354.
[373] Vgl. Baumgarth (2003a), S. 354.

geringer Aufwand für die Auskunftspersonen von Vorteil ist, soll diese Operationalisierung des Produkfits nach Baumgarth (2003a) mit nur einem Indikator auch in dieser Studie Anwendung finden.

Da das Inventar aus lediglich einem Indikator besteht und die Faktorladung des Items bei Eins liegt, ist die Unterscheidung zwischen einem formativen oder reflektiven Messmodell unerheblich und eine Betrachtung weiterer Prüfkriterien deswegen auch unnötig. Tabelle 22 stellt das Messmodell für das Konstrukt Produktfit dar.

	Indikator	Faktorladung	t-Wert
adidas-Porsche	Indikator: Wie gut passen die Produkte der Marken adidas und Porsche zusammen?	1,0000	0,0000

Tabelle 22: Operationalisierung des Produktfit
Quelle: eigene Darstellung.

4.3.6 Operationalisierung des Transferfit

Der Transferfit bildet das Verhältnis der Einzelmarke zu der Co-Brand-Leistung[374] und ist in diesem Co-Branding-Modell neben dem Markenfit und dem Produktfit das dritte Fit-Maß. Für die Operationalisierung dieses Konstrukts orientiert sich Baumgarth (2003a) in seiner Erfolgsfaktorenforschung an der Studie von Hadjicharalambous (2001), welcher als erster den Transferfit in der Co-Brand-Forschung explizit berücksichtigt hat.[375] Baumgarth (2003a) wählte für die Operationalisierung des Transferfits, mit Rücksicht auf die Länge der Befragung, folglich einen Indikator („Inwiefern passt die Marke zu dem neuen Produkt?"). Der Transferfit soll sich nur auf das Verhältnis der Marke zu der Co-Brand-Leistung beziehen.

[374] Vgl. Kapitel 3.2.
[375] Vgl. Baumgarth (2003a), S. 232.

Mit Berücksichtigung der Länge der Befragung, sollen für diese Studie der Transferfit sowie auch die folgenden Konstrukte mit einem einzigen Indikator operationalisiert werden. Die Faktorladung liegt hier aufgrund der Existenz eines Single-Indikators ebenfalls bei Eins. Tabelle 23 stellt den Indikator für jeweils beide Marken dar.

	Indikator	Faktorladung	t-Wert
adidas	Indikator: Inwiefern passt die Marke adidas zu dem neuen Produkt?	1,0000	0,0000
Porsche	Indikator: Inwiefern passt die Marke Porsche zu dem neuen Produkt?	1,0000	0,0000

Tabelle 23: Operationalisierung des Transferfit
Quelle: eigene Darstellung.

4.3.7 Operationalisierung der Preisbereitschaft

Der Kauf eines Co-Brands hängt davon ab, wie der Nachfrager den Preis bzw. das Preis-Leistungs-Verhältnis beurteilt. Dabei handelt es sich nicht um den objektiven Preis des Co-Brands, sondern um die subjektive Wahrnehmung und Beurteilung des Preises.[376] Die Preisbeurteilung hängt stark von der Preisbereitschaft ab; die Preisbereitschaft stellt den Preis dar, den der Nachfrager maximal bereit ist, für eine bestimmte Leistung zu bezahlen. Falls der wahrgenommene Preis unterhalb der Preisbereitschaft liegt, ist ein Kauf zu erwarten.[377] Nicht selten wird die Preisbereitschaft durch den Indikator „Wie viel wären Sie bereit, höchstens für das Produkt zu zahlen?“ gemessen.[378]

[376] Vgl. Kapitel 3.3.
[377] Vgl. Diller (1991), S. 135 f.
[378] Vgl. Baumgarth (2003a), S. 126.

Da in der vorliegenden Studie vermutet wird, dass sich die Preisbereitschaft für das Co-Brand-Produkt im Vergleich zu den herkömmlichen Produkten durch die Beteiligung einer Luxusmarke erhöht[379] ist es nötig, den Indikator aus inhaltlichen Gründen zu modifizieren. Es wird durch eine direkte Frage die Bereitschaft des Probanden abgefragt, inwieweit dieser sich vorstellen kann, für das Co-Brand-Produkt einen höheren Preis zu bezahlen als für ein herkömmliches Produkt dieser Produktkategorie. Somit enthält die Operationalisierung des latenten Konstrukts Preisbereitschaft einen Vergleich zwischen den beiden Marken aus dem Co-Branding und der Einzelmarke. Auf die Angabe eines Preises wird verzichtet, um damit die von dem Co-Brand-Image bewirkte Preisbereitschaft nicht durch Nennung eines Preises zu verzerren. Folglich findet hier die Ermittlung der relativen Preisbereitschaft des Probanden bezüglich statt.

Tabelle 24 zeigt den modifizierten Indikator für die Messung der Preisbereitschaft.

Indikator		Faktorladung	t-Wert
adidas-Porsche	Können Sie sich vorstellen, für das neue Produkt „Lifestyle Sportschuh von adidas und Porsche“ einen höheren Preis zu bezahlen als für einen „Lifestyle Sportschuh Schuh von adidas“?	1,0000	0,000 0

Tabelle 24: Operationalisierung der Preisbereitschaft
Quelle: eigene Darstellung.

[379] Vgl. Kapitel 3.3.

4.3.8 Operationalisierung der Kaufabsicht

Bei der Kaufabsicht handelt es sich um eine Verhaltensbereitschaft zum Kauf bzw. Erstkauf des Co-Brands.[380] Die meisten Messungen der Kaufabsicht greifen auf eines oder mehrere der von MacKenzie/Lutz/Belch (1988) genutzten Items mit den Eckpunkten „likely-unlikely“, „possible-impossible“ sowie „probable-improbable“[381] zurück.[382] Für diese Studie wurde der letzte dieser Indikatoren und die dazugehörige deutsche Übersetzung („Voraussichtlich werde ich mir das Produkt kaufen“)[383] als Grundlage genommen und leicht modifiziert, um auf die Vorstellung eines möglichen Kaufes einzugehen. Somit wird die Kaufabsicht in dieser Studie mit dem Indikator „Können Sie sich vorstellen das Produkt zu kaufen?“ operationalisiert. Die Bewertung der Kaufabsicht durch den Probanden erfolgte ohne Angabe eines Preises, um die Urteilsbildung nicht durch den Preis zu beeinflussen und damit die von dem Co-Brand-Image bewirkte Kaufabsicht zu verzerren. Tabelle 25 stellt den Indikator mit der logischen Faktorladung von Eins dar.

	Indikator	Faktorladung	t-Wert
adidas-Porsche	Können Sie sich vorstellen den neuen „Lifestyle Sportschuh von adidas und Porsche“ zu kaufen?	1,0000	0,000 0

Tabelle 25: Operationalisierung der Kaufabsicht
Quelle: eigene Darstellung.

Das Messmodell dieser Untersuchung ist nun komplett beschrieben und die Operationalisierung der Konstrukte abgeschlossen. Durch die Operationalisierung wurden alle latenten Konstrukte messbar gemacht, was die Schätzung der Beziehungen zwischen diesen Konstrukten im Rahmen des Strukturmo-

[380] Vgl. Kapitel 3.4.
[381] Vgl. MacKenzie/Lutz/Belch (1988), S. 134 f.
[382] Vgl. Lafferty/Goldsmith (1999), S. 112; Huber/Regier/Vollhardt/Matthes (2005), S. 25.
[383] Vgl. Huber/Regier/Vollhardt/Matthes (2005), S. 25.

dells ermöglicht. Im folgenden Kapitel werden die Ergebnisse dieser Schätzung für das Co-Branding zwischen adidas und Porsche vorgestellt.

4.4 Darstellung der Ergebnisse der Strukturmodellschätzung des Co-Branding am Beispiel von Porsche und adidas

Auf Basis der Konstruktoperationalisierungen des vorherigen Kapitels soll nachfolgend das im Vorfeld durch theoretische Überlegungen entwickelte Hypothesensystem empirisch überprüft werden.

Den Ausgangspunkt der Modellschätzung bilden das in Kapitel 3 formulierte Kausalmodell sowie das in Abschnitt 4.3 vorgestellte Messinstrumentarium. Die Schätzung der Beziehungen innerhalb des vorliegenden Strukturmodells dient zur Prüfung der theoretisch abgeleiteten Hypothesen und damit zur Identifizierung der Wirkungen des Co-Brandings mit Marken und Luxusmarken. Das Ergebnis dieser Schätzung sind die sogenannten Strukturparameter bzw. Pfadkoeffizienten, welche die Stärke des Zusammenhangs der Modellkonstrukte wiedergeben. Die Schätzung der Parameter des vorliegenden Modells wurde mit dem statistischen Softwareprogramm PLS-Graph durchgeführt. Um zu prüfen, ob dieses vollständig spezifizierte Strukturmodell die Realität hinreichend widerspiegelt, werden im Folgenden die in Kapitel 4.1.4 vorgestellten Prüfkriterien für Strukturmodelle herangezogen. Neben der Beurteilung der Pfadkoeffizienten und deren Signifikanzwerte sind dies die Prüfkriterien Determinationskoeffizient R^2, das Multikollinearitätsmaß VIF sowie das Stone-Geissers Q^2 zur Vorhersagevalidität. Die Ermittlung der Gütekriterien erfolgte ebenfalls mit PLS-Graph sowie teilweise mit SPSS.

Zunächst sollen die Pfadkoeffizienten mit den Signifikanzwerten und der Determinationskoeffizient R^2 zusammen betrachtet werden. Im Anschluss daran, werden die Multikollinearität und die Vorhersagevalidität für das Modell geprüft.

Die Pfadkoeffizienten (Strukturparameter) lassen die Einflussstärke eines bestimmten Konstrukts auf ein nachfolgendes Konstrukt erkennen, wodurch die Bewertung der hypothetischen Beziehungen zwischen den Modellelementen ermöglicht wird. Aufschluss über die Güte geben die Höhe der Pfadkoeffizienten sowie deren statistischen Signifikanzen auf Basis der t-Werte,[384] die mit Hilfe der Bootstrapping-Prozedur berechnet werden. Des Weiteren ist die theoretische Plausibilität der geschätzten Werte zu kontrollieren. Es gilt darüber hinaus zu prüfen, inwieweit oder in welchem Ausmaß die Varianz eines Zielkonstrukts durch ein kausal vorgelagertes Konstrukt erklärt wird. Hierzu kann der von der Regressionsanalyse bekannte Determinationskoeffizient R^2 herangezogen werden. Er kann für alle endogenen[385] Konstrukte berechnet werden; im vorliegenden Modell sind dies die Konstrukte Kaufabsicht, Post-Images von Porsche und adidas, das Co-Brand-Image, der Transferfit von Porsche und adidas, die Preisbereitschaft und die Markenkongruenz.

Die Schätzung auf Strukturmodellebene weist eine sehr gute Anpassung des zugrunde liegenden Modells an die empirischen Daten aus und bestätigt weitestgehend das dieser Untersuchung zugrunde liegende Hypothesensystem. Abbildung 19 stellt die Resultate der Schätzung graphisch dar. Darin enthalten sind die Pfadkoeffizienten mit den jeweiligen t-Werten in Klammern und dem R^2 für die endogenen Konstrukte.

[384] Vgl. Herrmann/Huber/Kressmann (2004), S. 25 f.
[385] Endogene Konstrukte sind Konstrukte, auf die eine Wirkung von anderen Konstrukten existiert.

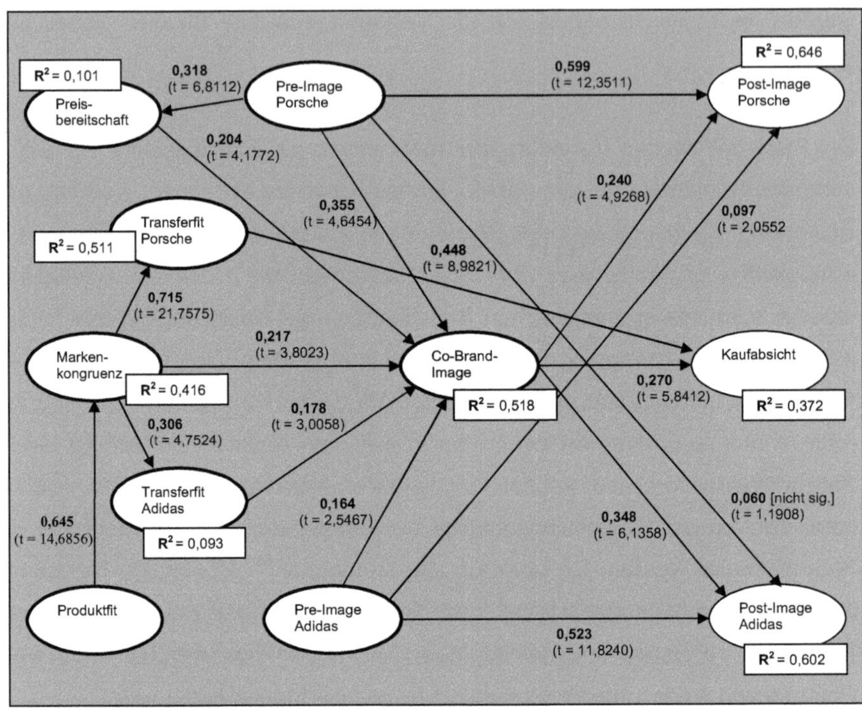

Abbildung 19: Ergebnisse der PLS Schätzung auf Strukturmodellebene
Quelle: eigene Darstellung.

Der erklärte Varianzteil (R^2) des Zielkonstrukts Kaufabsicht durch die Determinanten Co-Brand-Image und Transferfit Porsche beträgt 0,372 und überschreitet damit den geforderten Mindestwert von 0,3. Hierbei weist der Transferfit mit einem Pfadkoeffizienten (Strukturparameter) von 0,448 einen größeren Einfluss auf die Kaufabsicht auf als das Co-Brand-Image mit einem Wert von 0,270. Die t-Werte dieser beiden Pfadkoeffizienten betragen 8,982 und 5,8412; somit erweisen sich beide Einflüsse mit 5%-iger Irrtumswahrscheinlichkeit als signifikant.

Die Post-Images von Porsche und von adidas weisen die höchste Varianzaufklärung des gesamten Modells auf. Der erklärte Varianzanteil des Post-Images von Porsche durch die Konstrukte Pre-Image Porsche, Co-Brand-Image und Pre-Image adidas beträgt 0,646 (64,6%). Hierbei hat das Pre-Image Porsche den höchsten Einfluss mit einem Strukturparameter von 0,599; das Co-Brand-Image weist einen Wert von 0,240 auf und das Pre-Image adidas übt immerhin noch einen Einfluss von 0,097 aus. Die t-Werte der ersten beiden Variablen überschreiten mit 12,3511 und 4,9268 recht eindeutig den geforderten Mindestwert von 1,98. Mit einem t-Wert von 2,0552 ist der Einfluss des Pre-Image adidas knapp über dem Mindestwert und somit ebenfalls signifikant. Der erklärte Varianzanteil des Post-Images adidas beträgt 60,2%. Auch hier hat das jeweilige Pre-Image den stärksten Einfluss mit 0,523, gefolgt vom Co-Brand-Image mit 0,348. Bei t-Werten von 11,8240 und 6,1358 ist die Einflussnahme dieser beiden Variablen als signifikant zu erachten. Der t-Wert des Pre-Images Porsche auf das Post-Image adidas ist in dieser Untersuchung nicht signifikant.

Das zentrale Konstrukt Co-Brand-Image weist mit einem R^2 von 0,518 die dritthöchste Varianzerklärung auf. Einflussvariablen bilden das Pre-Image Porsche, das Pre-Image adidas, die Markenkongruenz, der Transferfit adidas sowie die Preisbereitschaft. Hierbei üben das Pre-Image Porsche mit einem Strukturparameter von 0,335 den höchsten und das Pre-Image adidas mit einem Parameter von 0,164 den geringsten Einfluss auf das Co-Brand-Image aus. Der t-Wert bestätigt die Signifikanz von allen fünf Wirkungen auf das Co-Brand-Image.

Die Markenkongruenz lässt sich zu 41,6% durch den Produktfit erklären. Mit dem zweithöchsten Strukturparameter von 0,645 in diesem Modell und einem t-Wert von 14,6856 ist diese alleinige Wirkung auf die Markenkongruenz signifikant.

Die Konstrukte Transferfit Porsche und Transferfit adidas werden beide jeweils durch das Konstrukt Markenkongruenz erklärt. Ein R^2 von 0,511 (51,1%) weist eine recht hohe Varianzerklärung für den Transferfit Porsche durch die Markenkongruenz auf. Der Einfluss ist mit einem Strukturparameter von 0,715 der höchste im gesamten Modell. Der t-Wert von 21,7575 bestätigt die Signifikanz. Das Konstrukt Transferfit adidas wird ebenfalls durch die Markenkongruenz erklärt. Bei einem R^2 von 0,093 beläuft sich die Erklärungskraft des Varianzanteils allerdings nur auf eine Höhe von 9,3%. Dabei hat die Markenkongruenz mit einem Strukturparameter von 0,306 und einem t-Wert von 4,7524 einen signifikanten Einfluss. Aufgrund des niedrigen Bestimmtheitsmaßes und wegen seines sehr schwachen Einflusses auf nachgelagerte Größen liefert der Transferfit adidas im gesamten Modell den geringsten Beitrag zur Erklärung der Konstruktzusammenhänge. Jedoch wurde aufgrund inhaltlicher Überlegungen mit einer niedrigen Erklärungskraft der Markenkongruenz für das Konstrukt Transferfit adidas gerechnet. Aus diesem Grund und der Tatsache, dass das Konstrukt kein Zielkonstrukt darstellt, wird das niedrige R^2 akzeptiert, obwohl es den Wert von 0,3 unterschreitet.

Das Konstrukt Preisbereitschaft wird durch das Pre-Image Porsche erklärt. Auch hier liegt ein geringes R^2 mit 0,101 vor. Der Einfluss ist jedoch mit einem Strukturparameter von 0,318 und einem t-Wert von 6,8112 signifikant. Das zu niedrige R^2 schadet der Güte der Schätzung aber nicht, da es nicht primäres Ziel der Untersuchung ist, dieses Konstrukt möglichst gut zu erklären; vielmehr interessierte die Einflussbeziehung zwischen dem Pre-Image Porsche, der Preisbereitschaft und dem Co-Brand-Image. Aus diesem Grund wird auch hier das niedrige R^2 akzeptiert.

Die Vorzeichen der Pfadkoeffizienten entsprechen durchgängig den theoretischen Vorgaben; dadurch kann den geschätzten Beziehungen Plausibilität bescheinigt werden. Nach der Prüfung der Signifikanzwerte und der Plausibilität der Schätzergebnisse können – bis auf die Hypothese 4a – alle unterstellten Zusammenhänge bestätigt werden. Tabelle 26 stellt die Strukturparameter und die t-Werte für die Zusammenhänge dar.

Hypothese	**Strukturparameter**	**t-Wert**	**Ergebnis**
H_{1a}:	0,164	2,5467	bestätigt
H_{1b}:	0,355	4,6454	bestätigt
H_2:	Porsche: 0,240 / adidas: 0,348	Porsche: 4,9268 / adidas: 6,1358	bestätigt
H_3:	Porsche: 0,599 / adidas: 0,523	Porsche: 12,351 / adidas: 11,824	bestätigt
H_{4a}:	0,060	1,1908	nicht bestätigt
H_{4b}:	0,097	2,0552	bestätigt
H_{5a}:	0,217	3,8023	bestätigt
H_{5b}:	0,715	21,7575	bestätigt
H_{5c}:	0,306	4,7524	bestätigt
H_6:	0,645	14,6856	bestätigt
H_{7a}:	0,178	3,0058	bestätigt
H_{7b}:	0,448	8,9821	bestätigt
H_8:	0,318	6,8112	bestätigt
H_9:	0,204	4,1772	bestätigt
H_{10}:	0,270	5,8412	bestätigt

Tabelle 26: Ergebnisse der Hypothesenüberprüfung
Quelle: eigene Darstellung.

Die signifikanten Pfadkoeffizienten sowie die Werte für den Determinationskoeffizienten R^2 sprechen auch auf Strukturmodellebene für eine gute Anpassung des theoretischen Modells an die Realität. Das R^2 unterschreitet lediglich für die Konstrukte Preisbereitschaft und Transferfit adidas die Mindestanforderung; für die wichtigeren Zielkonstrukte in dieser Studie, wie das Co-Brand-Image, die Post-Images der Marken, der Transferfit Porsche und die Kaufabsicht ist der Erklärungsgrad sehr gut. Die hohen R^2 Werte dieser zentralen Untersuchungskonstrukte bestätigen das positive Güteurteil dieses Modells.

Über diese beiden Gütemaße hinaus beinhaltet das Instrumentarium zur Beurteilung der Güte der Strukturmodellschätzung auch die Prüfkriterien Multikollinearität VIF und Stone Geissers Q2 zur Vorhersagevalidität endogener reflektiver Konstrukte. Die Multikollinearität kann in einem Strukturmodell zwischen den kausal vorgeschalteten Konstrukten einer endogenen Modellvariablen auftreten. Deshalb sollten alle endogenen Konstrukte, die von mindestens zwei Größen erklärt werden, auf das Vorliegen von Multikollinearität geprüft werden. In diesem Modell sind dies die Konstrukte Kaufabsicht, Co-Brand-Image, Post-Image adidas und Post-Image Porsche. Die dafür berechneten Variance Inflations Factors (VIF) liegen alle unter dem kritischen Wert von 10. Dementsprechend ist in diesem Modell nicht von Multikollinearität auszugehen. Die letzte Prüfgröße ist das Q^2 von Stone-Geisser, welches als Indikator für die Vorhersagequalität auf Strukturmodellebene herangezogen werden kann. Sie ist ausschließlich für endogene reflektive Konstrukte berechenbar. In der vorliegenden Untersuchung wären dies die Konstrukte Markenkongruenz, Transferfit adidas, Transferfit Porsche, Preisbereitschaft und Kaufabsicht. Das Q^2 gibt an, wie gut die für die endogenen Konstrukte gemessenen Werte durch eine Schätzung auf Basis der berechneten Modellparameter rekonstruiert werden können. Bei einem Q^2 über 0 kann den Konstrukten Vorhersagevalidität zugeschrieben werden; dies ist für alle relevanten Variablen bis auf Transferfit adidas und Preisbereitschaft der Fall. Da dies die beiden Konstrukte sind, bei denen schon die erklärte Varianz R^2 nicht erfüllt war, ist eine nicht erfüllte Vorhersagevalidität logisch. Hier gilt dieselbe Begründung wie bei dem R^2; auch hier liegt keine zwingende Veranlassung für eine Modifizierung des Modells vor. Tabelle 27 zeigt abschließend einen Überblick über die Werte der Gütekriterien R^2, Q^2 und VIF auf Strukturmodellebene.

Konstrukt	R^2	VIF	Q^2
Co-Brand-Image	0,518	< 10	–
Pre-Image Porsche	–	–	–
Pre-Image adidas	–	–	–
Markenkongruenz	0,416	–	0,2295
Transferfit Porsche	0,511	–	0,4283
Transferfit adidas	0,093 (nicht erfüllt)	–	-0,3933 (nicht erfüllt)
Preisbereitschaft	0,101 (nicht erfüllt)	–	-0,3671 (nicht erfüllt)
Produktfit	–	–	–
Post-Image Porsche	0,646	< 10	–
Post-Image adidas	0,602	< 10	–
Kaufabsicht	0,372	< 10	0,2250

Tabelle 27: Gütekriterien der Strukturmodellschätzung
Quelle: eigene Darstellung.

Aufgrund der Bestätigung fast aller Hypothesen kann die Konfrontation des theoretischen Co-Branding-Modells mit den empirischen Daten der Marken Porsche und adidas als äußerst zufriedenstellend bezeichnet werden.

4.5 Interpretation der Ergebnisse

Im Anschluss an die formale Beurteilung des Kausalmodells steht nun die Interpretation der einzelnen Untersuchungsergebnisse im Zentrum der folgenden Betrachtungen.

Hypothese	vermuteter Zusammenhang	Ergebnis
H_{1a}:	Das Pre-Image einer Marke beeinflusst positiv das Co-Brand-Image.	**bestätigt**
H_{1b}:	Das Pre-Image einer Luxusmarke beeinflusst positiv das Co-Brand-Image.	**bestätigt**
H_2:	Das Co-Brand-Image beeinflusst positiv das Post-Markenimage der Einzelmarken.	**bestätigt**
H_3:	Die Pre-Images der Einzelmarken beeinflussen positiv die jeweiligen Post-Images der Einzelmarken.	**bestätigt**
H_{4a}:	Das Pre-Image der Luxusmarke beeinflusst positiv das Post-Image der Marke.	**nicht bestätigt**
H_{4b}:	Das Pre-Image der Marke beeinflusst positiv das Post-Image der Luxusmarke.	**bestätigt**
H_{5a}:	Je höher die Markenkongruenz, desto positiver ist das Co-Brand-Image.	**bestätigt**
H_{5b}:	Je höher die Markenkongruenz, desto höher ist der Transferfit einer Luxusmarke.	**bestätigt**
H_{5c}:	Je höher die Markenkongruenz, desto höher ist der Transferfit einer Marke.	**bestätigt**
H_6:	Je höher der Produktfit, desto höher ist die Markenkongruenz.	**bestätigt**
H_{7a}:	Je höher der Transferfit der Marke, desto positiver ist das Co-Brand-Image.	**bestätigt**
H_{7b}:	Je höher der Transferfit einer produktkategoriefremden Luxusmarke, desto höher ist die Kaufabsicht.	**bestätigt**
H_8:	Je höher das Pre-Image einer Luxusmarke, desto höher ist die Preisbereitschaft.	**bestätigt**
H_9:	Bei einem Co-Branding mit einer Luxusmarke besteht ein positiver Zusammenhang zwischen der Preisbereitschaft und dem Co-Brand-Image.	**bestätigt**
H_{10}:	Je positiver das Co-Brand-Image, desto größer ist die Kaufabsicht gegenüber der Co-Brand-Leistung.	**bestätigt**

Tabelle 28: Das Ergebnis der getesteten Hypothesen
Quelle: eigene Darstellung.

Das vorliegende Untersuchungsmodell bildet ein Co-Branding zwischen einer Marke und einer Luxusmarke ab, wobei das Co-Brand aus der Produktkategorie der Marke stammt, also eine Modifikation des Produktes dieser Marke darstellt. Für die Luxusmarke ist diese Produktkategorie neu. In Kapitel 2.3 wurde eine Nähe zu den Co-Branding-Typen Multi-Co-Brand und Promotion-Co-Brand festgestellt. Die Pre-Images dieser beiden Marken wirken sich in positiver Form auf die Co-Brand-Evaluierung aus. Bei Kontakt mit dem Co-Branding-Produkt schließt das neu gebildete Image immer auch Teile des bestehenden Images zu den Ausgangsmarken mit ein. Demnach attestiert ein Konsument dem Co-Brand schon durch dessen Markierung mit den Markennamen der kooperierenden Marke eine Ähnlichkeit zu diesen Marken. Je vorteilhafter also die Konsumenten die eingehenden Markenimages sehen, desto besser bewerten sie das Image des Co-Brand-Produktes.

Bei der Konfrontation dieses Modells mit der Realität ist auffällig, dass der Einfluss des Pre-Images der Luxusmarke Porsche auf das Co-Brand-Image mit 0,335 wesentlich höher ausfällt als der Einfluss der Marke adidas mit 0,164 (H_{1b} und H_{1a}). Dies ist konsistent mit den Forschungsergebnissen von Park/Jun/Shocker (1996), die ein Co-Brand zwischen einer Hauptmarke („header") und einer Nebenmarke („modifier") untersuchten. Darin wird ein stärkerer Einfluss der Hauptmarke im Vergleich zur Nebenmarke auf die Co-Brand-Beurteilung festgestellt.[386] Übertragen auf die vorliegende Studie lässt sich die Luxusmarke Porsche als Hauptmarke und adidas als die modifizierte Nebenmarke erkennen. Für den „modifier" (adidas) existiert ein geringerer Einfluss, weil die Konsumenten das Co-Brand-Produkt Sportschuh nicht als ein neues Produkt für diese Marke empfinden, sondern als Modifikation des bestehenden Produktes (adidas-Sportschuhe). Die Beteiligung an dem neuen Co-Brand-Produkt nimmt der Konsument als ein völlig neues Betätigungsfeld der Luxusmarke wahr, was das Produkt außergewöhnlich erscheinen lässt. Dadurch wird die Luxusmarke zur Hauptmarke, welche das Co-Branding mit

[386] Vgl. Park/Jun/Shocker (1996), S. 459 f.

einer für sie bekannten Leistung (Design) auszeichnet, dominiert und letztendlich auch durch einen stärkeren Imagetransfer beeinflusst. Neben den beiden Pre-Markenimages wird das Co-Brand-Image noch durch die Markenkongruenz, die Preisbereitschaft und den Transferfit der „modifier"-Marke (adidas) beeinflusst; diese Variablen erklären das Co-Brand-Image mit einem zufriedenstellenden R^2 von 51,8%.

In vielen Studien wurde die Markenkongruenz als eine wichtige Einflussgröße auf die Co-Brand-Beurteilung identifiziert.[387] Die Tatsache, dass in dieser Studie die Markenkongruenz den zweithöchsten Einfluss mit einem Pfadkoeffizienten von 0,217 auf das Co-Brand-Image besitzt, unterstützt diese Erkenntnisse. Demnach ist es für die Konsumenten bei der Co-Brand-Beurteilung von entscheidender Bedeutung, ob sie zwischen den beteiligten Marken eine Ähnlichkeit oder einen logischen Zusammenhang erkennen und somit eine bestehende Inkongruenz erfolgreich lösen können. Wird also eine hohe Kongruenz zwischen den Marken wahrgenommen, so wird auch das Co-Brand positiver bewertet. Dieses Resultat steht im Einklang mit bisherigen Studien zum Co-Branding.[388]

Weiterhin haben Park/Jun/Shocker (1996) in ihrer Studie der Komplementarität bzw. Kongruenz eine größere Relevanz beigemessen als den Pre-Images der Marken; auch bei Simonin/Ruth (1998) war der Einfluss des Markenfits auf die Co-Brand-Beurteilung größer als der Einfluss der Pre-Markeneinstellungen. Dieses Ergebnis trifft hier nicht vollständig zu; der Einfluss der Markenkongruenz (0,217) auf das Co-Brand-Image ist hier lediglich stärker als der des Pre-Images der Modifikationsmarke adidas (0,164). Das Pre-Image der Luxusmarke (Porsche) hat dagegen einen viel stärkeren Einfluss (0,335) als die Markenkongruenz. Obwohl auch Park/Jun/Shocker (1996) Haupt- und Nebenmarke mit einem modifizierten Produkt unterschieden haben, hat in dieser

387 Vgl. Park/Jun/Shocker (1996); Simonin/Ruth (1998); Baumgarth (2000b); Baumgarth (2003a).
388 Vgl. Lafferty/Goldsmith /Hult (2004), S. 522; Simonin/Ruth (1998), S. 36; Baumgarth (2003a), S. 379 ff.

Studie die Markenkongruenz einen niedrigeren Einfluss als das Pre-Image der Hauptmarke (Porsche). Demnach kommt der Luxusmarke bei der Beteiligung an einem Co-Brand-Produkt aus der Kategorie der Partnermarke eine besonders große Bedeutung zu, weil diese ein neues und exklusives Image für das Produkt der Partnermarke repräsentiert. Das bedeutet, der Konsument wertet diesen fremden Einfluss stärker als den Einfluss der mit dem Produkt verbundenen Marke (adidas) oder der Ähnlichkeit zu ihr (Markenkongruenz), weil das Luxusmarkenimage (Porsche) „das Neue" am bekannten Produkt (Sportschuhe) darstellt. Das exklusive und starke Image einer Luxusmarke in dieser Co-Branding-Konstellation wirkt deshalb dominierend auf das Co-Brand-Image.

Im Rahmen der hierarchischen Speicherung von Schemata wurde die Annahme postuliert, dass der Produktfit auf den Markenfit wirkt und diesen somit erklärt. Diese Annahme stellt zwar keinen direkten Co-Brand- oder Spill-Over-Effekt dar, wurde aber für eine bessere Transparenz der Markenkongruenz untersucht. Das empirische Datenmaterial unterstützt diese Annahme: Der Pfadkoeffizient weist einen sehr starken Einfluss von 0,645 auf; 41,6% der Varianz ist auf den Produktfit zurückzuführen. Diese hohen Werte zeigen, dass die Konsumenten auf Basis der Ähnlichkeit der Produkte auch die Kongruenz der Marken bewerten. Das Ergebnis verdeutlicht zudem, dass eine direkte Wirkung des Produktfit auf die Markenkongruenz wesentlich stärker und somit naheliegender ist[389] als die Unterstellung einer direkten Wirkung des Produktfit auf die Co-Brand-Beurteilung[390]. Die Ergebnisse zeigen, dass sich die Konsumenten für ihr Urteil über die Kongruenz von Marken sehr stark auf die Kongruenz der Produkte dieser Marken beziehen. Für das vorliegende Modell erklärt dementsprechend der Fit der Produkte Sportwagen und Sportschuhe fast zur Hälfte (41,6%) die Kongruenz der Marken, was wiederum das Image des gemeinsamen Sportschuhs beeinflusst. Je besser also die Produkte in ein

[389] Baumgarth kommt in seiner Studie zu demselben Ergebnis; vgl. Baumgarth (2003a), S. 376.
[390] In der Simonin/Ruth-Studie (1998) wirkt der Produktfit direkt auf die Co-Brand-Beurteilung.

Schema passen, desto höher ist die Markenkongruenz und je höher die Markenkongruenz, desto positiver ist das Co-Brand-Image.

Basierend auf der Laientheorie wurde die Hypothese hergeleitet, dass eine hohe Markenkongruenz auch die jew. Transferfits der Marken beeinflusst. Diese Beziehung kann ebenfalls bestätigt werden. Hierbei ist der Einfluss auf den Transferfit der Luxusmarke mit 0,715 mehr als doppelt so hoch wie auf den Transferfit der Marke (0,306). Der Transferfit der Luxusmarke Porsche wird durch die Markenkongruenz zu 51,1% erklärt, der Transferfit adidas lediglich zu 9,3%. Diese Ergebnisse lassen vermuten, dass die kongruenten Produkte dazu führen, dass auch die Marken selbst als ähnlich und kongruent empfunden werden. Der Wirkungsunterschied für das hier vorliegende Modifikations-Co-Brand-Produkt lässt sich wieder durch die Produktkategorie erklären: Die Luxusmarke Porsche stammt nicht aus der Produktkategorie der Marke adidas. Wenn aus Sicht eines Konsumenten Sportwagen und Sportschuhe (also die Marken Porsche und adidas) gut harmonieren, dann passt für diesen Konsumenten auch Porsche zu dem neuen Co-Brand-Sportschuh Porsche-adidas; der Vergleich der Marken bezieht sich für den Transferfit Porsche verstärkt auf die Produktkategorie des Co-Brand-Produktes und damit auch auf die Produktkategorie von adidas.

Beim Transferfit adidas hingegen wirkt sich die Markenkongruenz nicht darauf aus, wie gut adidas zur Produktkategorie Sportschuhe passt, [391] sondern wie gut sie zu einer Zusammenarbeit mit Porsche bei der Herstellung der für sie typischen Sportschuhe passt. Der Unterschied liegt also darin, dass bei Porsche ein Markentransfer in die neue Produktkategorie Sportschuhe stattfindet und demzufolge die Kongruenz mit der Marke aus dieser Produktkategorie (adidas) einen starken Einfluss auf den Transfer der Marke

[391] Der Konsument empfindet Sportschuhe sowieso als 100 %ige Produktkategorie von adidas.

Porsche zu Sportschuhen (Transferfit) hat.[392] Aus diesem Grund erklärt die Markenkongruenz den Transferfit von Porsche mit 51,1%. adidas wird folglich unzureichend durch die Markenkongruenz erklärt (R^2=9,3%), weil das Co-Brand-Produkt eine Modifikation dieser Marke ist und auch dann zu Sportschuhen passen würde, auch wenn sie keinerlei Ähnlichkeit mit der Partnermarke besitzt. Der Einfluss der Markenkongruenz auf den Transferfit adidas mit einem Pfadkoeffizienten von 0,306 belegt folgende Annahme: Je besser adidas zu Porsche passt, desto besser wird der Einfluss von Porsche im Zusammenhang mit dem Sportschuh wahrgenommen.

In Kapitel 3 wurde theoretisch hergeleitet, dass die beiden Transferfits auf unterschiedliche Konstrukte wirken. Der Pfadkoeffizient von 0,178 weist einen positiven Einfluss des Transferfits von adidas auf das Co-Brand-Image auf. Dies bestätigt die Hypothese H_{7a} und zeigt, dass der Transferfit einer Modifikationsmarke einen Einfluss auf das Co-Brand-Image hat. Der Konsument nimmt das Co-Brand als adidas-Produkt wahr, daraus folgt, dass adidas aus Konsumentensicht sehr gut zu der Produktkategorie Sportschuhe passt. Jedoch beschreibt der Transferfit einer Modifikationsmarke (wie oben dargestellt) in diesem Co-Branding nicht den Fit zwischen der Marke und der Produktkategorie, sondern vielmehr, wie gut adidas mit Porsche „seine" Sportschuhe modifizieren kann. Dieser Einfluss des Transferfit wirkt sich ähnlich stark auf das Co-Brand-Image aus (0,178) wie das Pre-Image der Modifikationsmarke adidas (0,164). Der Konsument verbindet in einem Co-Branding mit einem modifizierten Co-Brand-Produkt dieses sehr stark mit der Kompetenz und dem Image der Modifikationsmarke, weil er ihr die Hauptleistung zuordnet. Diesem Resultat folgend ist die Einschätzung, wie gut die Modifikationsmarke mit dem Einfluss der Partner-Luxusmarke seine Produkte modifizieren kann, mindestens genauso wichtig, weil ansonsten eine nicht lösbare Inkongruenz geschaffen werden würde.

[392] Mit einfachen Worten bezieht sich beim Transferfit Porsche die Markenkongruenz auf die Marke adidas und die dazugehörige Produktkategorie; beim Transferfit adidas bezieht sich die Markenkongruenz nur auf die Marke.

Wie den Ergebnissen dieser Untersuchung zu entnehmen ist, wirkt der Transferfit der Luxusmarke nicht auf die Co-Brand-Beurteilung. Wenn also aus Konsumentensicht die Luxusmarke sehr gut zu dem Co-Brand-Produkt passt, dann bedeutet dies nicht automatisch, dass der Konsument diese Kongruenz auf die Beurteilung des Co-Brands überträgt. Vielmehr realisiert der Konsument vordergründig das Co-Brand-Produkt der Partnermarke als Hauptleistung, in diesem Fall adidas.

Ferner existiert ein direkter Einfluss des Pre-Images von Porsche auf das Co-Brand-Image (0,335). Dieser Effekt entsteht beim Konsumenten durch die Markierung mit dem Logo und dem typischen Design oder einer anderen typischen Kompetenz der Luxusmarke, die vordergründig und nach außen sichtbar in das Produkt einfließt und es damit aufwertet. Darüber hinaus hat der Transferfit der Luxusmarke Porsche mit einem Pfadkoeffizienten von 0,448 einen sehr positiven Einfluss auf die Kaufabsicht. Durch die hohe Kongruenz der Luxusmarke mit der Co-Brand-Leistung steigert dies beim Konsumenten den symbolischen Nutzen des Produktes und damit die Absicht, das Produkt zu kaufen. Je besser also die produktkategoriefremde Luxusmarke zu der Marke und somit zu dem Co-Brand-Produkt passt, desto höher wird die Absicht bei den Konsumenten sein, das neue Produkt zu erwerben. Dadurch beeinflusst der Transferfit einer Luxusmarke, für die das Co-Brand-Produkt eine völlig neue Produktkategorie darstellt, die Kaufabsicht und damit den Erfolg für das Co-Brand-Produkt.

Ein Pfadkoeffizient von 0,318 bestätigt den Einfluss des Pre-Images der Luxusmarke auf die Preisbereitschaft. Das Konstrukt Preisbereitschaft wird zwar lediglich zu 10,1% durch das Pre-Luxusmarkenimage erklärt, jedoch war die Untersuchung der Preisbereitschaft kein vorrangiges Ziel dieser Studie. Mit ihrer Hilfe sollte lediglich eine indirekte Wirkung des hochpreisigen Luxusmarkenimages auf das Co-Brand-Image untersucht werden. Durch den Einfluss des Luxusmarkenimages auf die Preisbereitschaft wird auch der

Einfluss der Preisbereitschaft auf das Co-Brand-Image mit einem Pfadkoeffizienten von 0,204 erklärt: Hieraus ergibt sich, dass ein Konsument eine höhere (Mehr-)Preisbereitschaft gegenüber einer Luxusmarke hat, wenn er das Image der Luxusmarke sehr positiv bewertet. Durch die Wiedererkennung der Luxusmarke in der Markenkooperation führt die hohe Preisbereitschaft für die Luxusmarke zu einer positiven Bewertung des Co-Brand-Image. Damit bestätigen sich die auf Basis der Semantischen Generalisierung formulierten Hypothesen[393] und verdeutlichen, dass das Luxusmarkenimage indirekt über die Preisbereitschaft ein positiveres Co-Brand-Image fördert.

Neben den bisher analysierten Einflüssen und Wirkungen auf das Co-Brand-Image wurden im vorliegenden Modell auch die Spill-Over-Effekte auf die Ausgangsmarken untersucht. Hierbei wird besonders deutlich, dass die Pre-Images der Marken einen ähnlich starken Einfluss auf ihre jeweiligen Post-Images aufweisen. Bezüglich des Pre-Images der Luxusmarke Porsche auf das Post-Image beträgt dieser 0,599; bei adidas liegt der Pfadkoeffizient bei 0,523. Diese Werte zeigen, dass im Rahmen eines Co-Branding mit einem als Modifikation wahrgenommenen Co-Brand-Produkt die Pre-Images beider Marken einen sehr hohen Einfluss auf ihre jeweiligen Post-Images besitzen. Dies verdeutlicht auch die Tatsache, dass durch ein Co-Branding eine starke Um- oder Neupositionierung von Marken sehr schwierig zu realisieren ist, da die Konsumenten das Post-Image einer Marke stark mit dem Pre-Markenimage verbinden. Das gesamte Vorstellungsbild, dass durch die Erfahrung und der Wahrnehmung der Marke gelernt wurde, wird auch nach einer Kooperation zum größten Teil beibehalten.[394] Diese Ergebnisse stützen die Resultate, zu denen auch andere Co-Branding Studien kommen.[395]

[393] Vgl. hierzu Kapitel 3.3.
[394] Eine Erklärung hierfür liefert die Semantische Generalisierung, vgl. Kapitel 3.1.2.
[395] Vgl. hierzu die Studien von Simonin/Ruth (1998) und Baumgarth (2003a).

Im Rahmen dieser Untersuchung kann auch ein Einfluss des Co-Brand-Images auf die jeweiligen Post-Markenimages konstatiert werden. Die Konsumenten übertragen das neue Co-Brand-Image auf die Ausgangsmarken. Hierbei fällt jedoch der Einfluss des Co-Brand-Images auf das Post-Image der Marke adidas (0,348) höher aus, als derjenige auf das Post-Image der Luxusmarke Porsche (0,240). Eine mögliche Ursache hierfür ist darin begründet, dass die produktkategoriefremde Luxusmarke ein neues Image in die bisherige Kategorie der Marke (adidas) eingebracht hat und mit diesem Einfluss auch das Co-Brand-Image dominiert (Einfluss von 0,335). Dieser Effekt der Luxusmarke (Porsche) auf die Produktkategorie der Partnermarke (Sportschuhe) wird mit dem Co-Brand-Image stark in Verbindung gebracht. Bei anschließendem Kontakt mit der Marke (adidas) und seinen Produkten ist dieses Vorstellungsbild in den Köpfen der Konsumenten noch stark vertreten. Aus Sicht letzterer kann adidas durch die Kooperation mit Porsche einen Nutzen (z. B. in Form von Design) für seine weiteren Sportschuhe gewinnen. Darüber hinaus wertet der Konsument die Zusammenarbeit mit einer Luxusmarke positiv für die Marke adidas, weil sie dadurch mit einem luxuriösen Image in Verbindung gebracht wird. Der Einfluss des Co-Brand-Images auf Porsche wirkt schwächer, ist aber dennoch mit einem Pfadkoeffizienten von 0,240 als nicht gering einzustufen. Das bedeutet, dass sich das Co-Brand-Image durchaus bedeutend auf das Post-Image der Luxusmarke auswirken kann. Der Einfluss auf das Post-Luxusmarkenimage ist hier relativ gering, weil die Marke adidas enger an der Produktkategorie des Co-Brand-Produktes ist als die Luxusmarke Porsche und das Co-Branding aus Sicht des Konsumenten einen größeren Einfluss auf die Marke adidas mit seinen Produkten hat als auf die Marke Porsche.

In diesem Zusammenhang wurde zusätzlich ein direkter Einfluss des Pre-Images jeder Marke auf das Post-Image der jeweils anderen Marke vermutet. Hierbei ergab sich für den Einfluss des Pre-Images von adidas auf das Post-Image von Porsche ein positiver Zusammenhang, der mit 0,097 recht schwach, aber dennoch signifikant ausfällt. Der hypothetisch angenommene positive Einfluss des Pre-Images der Luxusmarke auf das Post-Image der Marke konnte als einzige Hypothese der Konfrontation mit den erhobenen Daten in diesem Modell nicht standhalten. Demnach lässt sich ein Konsument beim Kontakt mit der Modifikationsmarke nach dem Co-Branding nicht direkt vom Pre-Image der Luxusmarke beeinflussen.

Eine Erklärung für diesen Unterschied könnte erneut in der Produktkategorie zu finden sein: Weil das Co-Brand-Produkt aus der Produktkategorie der Marke (adidas) stammt und somit als Modifikation des Produktes dieser Marke wahrgenommen wird, sieht der Konsument das Co-Brand-Produkt (Sportschuh) für die Luxusmarke als eine neu erschlossene Produktkategorie an.[396] Beim Konsumenten wird also nach der Kenntnis von dem Co-Branding und beim nächsten Kontakt mit der Luxusmarke in seiner Vorstellung das Bild entstehen, dass Porsche die neue Produktkategorie Sportschuhe mit Hilfe von adidas erschlossen hat. Aus diesem Grund bringt der Konsument das gesamte Vorstellungsbild, welches er von dieser Marke über Jahre gelernt hat, mit dem Post-Image der Luxusmarke in Verbindung. Überträgt dies auf den vorliegenden Sachverhalt, wird deutlich, warum die untersuchte Hypothese keine Gültigkeit besitzen kann: Beim Kontakt eines Konsumenten mit der Marke adidas nach Wissen vom Co-Branding, wird dieser nicht auf die Idee kommen, dass adidas mit Hilfe von Porsche eine neue Produktkategorie erschlossen hat. Aus diesem Grund kann sich das Vorstellungsbild von Porsche mit starkem Bezug zu Sportwagen nicht direkt auf das Post-Image von adidas übertragen. Insgesamt können die Post-Images durch das gewählte Modell gut erklärt werden. Hierbei wird das Post-Image der Luxusmarke (Porsche) im gesamten Modell am besten erklärt; 64,6% der Varianz sind auf das eigene Pre-Image, das Co-Brand-Image und das Pre-Image der Partnermarke zurückzuführen. Das Post-Image der Marke (adidas) lässt sich 60,2% von dem eigenen Pre-Image und dem Co-Brand-Image erklären.

[396] Hier besteht eine sehr große Ähnlichkeit zu Markentransfer.

Empirische Bestätigung erfährt auch der angenommene positive Einfluss des Co-Brand-Images auf die Kaufabsicht, welche als Maß für den Markterfolg eines Co-Brandings gelten kann. Dieses Zielkonstrukt kann somit zu 37,2% durch die Konstrukte Transferfit Luxusmarke und dem Co-Brand-Image erklärt werden.

Zusammenfassend ist festzuhalten, dass die Resultate für das untersuchte Co-Branding-Modell mit einer produktkategoriefremden Luxusmarke und einer Modifikationsmarke die Übertragbarkeit auf die Realität bestätigen. Hierbei wurde das Co-Brand-Image durch das Pre-Image der beiden Marken, der Markenkongruenz, der Preisbereitschaft und dem Transferfit der Modifikationsmarke zufriedenstellend erklärt. Die Spill-Over-Effekte konnten ebenfalls auf die untersuchten Konstrukte zurückgeführt werden; dabei wurde auch erstmals eine direkte Beziehung zwischen dem Pre-Image der Modifikationsmarke und dem Post-Image der Luxusmarke für das vorliegende Modifikations-Co-Branding bestätigt. Weiterhin konnte in diesem Co-Branding-Modell eine neue Fit-Konstellation[397] mit einem neuen Wirkungszusammenhang bestätigt werden: Demnach wirkt der Produktfit nicht direkt auf die Co-Brand-Beurteilung, sondern auf die Markenkongruenz; diese wiederum wirkt direkt auf das Co-Brand-Image und auf die beiden Transferfits der Marken. Zusätzlich wurde durch das Einfügen der Preisbereitschaft in Bezug auf eine Luxusmarke sowie die Hinzunahme der Kaufabsicht durch die Ergebnisse gerechtfertigt.

4.6 Implikationen für die Praxis

Im Folgenden gilt es, auf Grundlage der identifizierten Determinanten eindeutige Handlungsempfehlungen für die Konzeption eines Co-Brandings mit einer Luxusmarke abzuleiten. Hierfür geben die gefundenen Ergebnisse der empiri-

[397] Diese Fit-Konstellation wurde in der Studie von Baumgarth (2003a) empirisch untersucht.

schen Untersuchung konkrete Hinweise. Zum einen sind für das vorliegende Co-Branding-Modell die Faktoren relevant, die den Erfolg des Co-Brands bestimmen. Zum anderen interessieren die Spill-Over-Effekte auf die Ausgangsmarken.

Bei dem Co-Branding-Typ, in dem eine Luxusmarke mit ihrer Markierung und durch ihren wahrnehmbaren Einfluss (z. B. Design) das bekannte Produkt einer bekannten Marke modifiziert, konnten die Images der Ausgangsmarken, der Markenfit, der Transferfit der Modifikationsmarke und die Preisbereitschaft als direkte Einflussgrößen der Beurteilung eines Co-Brandings identifiziert werden. Diese Konstrukte verdeutlichen die Bedeutung, die der Wahl der Partnermarke sowohl für die Luxusmarke als auch für die Modifikationsmarke zukommt. Eine Marke erscheint umso geeigneter für eine Kooperation, je besser sie von den Konsumenten bewertet wird. Der Einfluss der Luxusmarke auf das Co-Brand-Image ist in dieser Konstellation wesentlich höher als der Einfluss der Marke, die aus der Produktkategorie des Co-Branding stammt. Demnach ist es für eine Marke, die ihr Produkt in einem Co-Branding mit einer Luxusmarke modifiziert, sehr wichtig, mit welcher Luxusmarke sie kooperiert. Voraussetzung hierfür ist, dass beide Marken kompatibel sind, also eine hohe Markenkongruenz aufweisen und sich ergänzen. Wie die Studie zeigt, ergibt sich die Markenkongruenz zu einem großen Teil aus dem Produktfit. Daraus folgt: Wenn sich die Produkte der Marke und der Luxusmarke ergänzen und kompatibel sind, dann fördert dies auch die Markenkongruenz. Demzufolge sollten in der Marketingpraxis die Produkte der beiden Marken als erster wichtiger Indikator für eine erfolgreiche Realisierung eines Co-Branding dienen. Ist eine logische Verbindung zwischen diesen Produkten zu erkennen und abzuleiten, dann führt dies aus Sicht des Konsumenten zu einer sinnvollen Verknüpfung und somit zu einer höheren Markenkongruenz. Da auch vorherige Co-Branding-Studien dem Konstrukt Markenkongruenz eine wichtige Rolle zuteilen, ist es sinnvoll, durch entsprechende Kommunikationsmaßnahmen die

Produktkategorie erschließen möchte. Das Markenmanagement kann die Kooperation besonders erfolgreich gestalten, indem sie Synergieeffekte im Marketing und Vertrieb ausnutzt. Weiterhin ergibt sich die Möglichkeit, durch einen Luxuseinfluss auch das generelle Image der Marke aufzuwerten und zu verbessern. Deshalb bietet es sich für die Marke nach dem Co-Branding an, durch einen exklusiven Markenauftritt und entsprechendem Design der Produkte ein besseres und hochwertigeres Image als vor dem Co-Branding zu etablieren.

Neben den Implikationen für die Marketingpraxis soll im nächsten Kapitel auch eine Zusammenfassung der für die Forschung neuen Erkenntnisse, Vorschläge zur Veränderung sowie Verweise auf weiterhin bestehenden Forschungsbedarf erfolgen.

4.7 Implikationen für die Wissenschaft

Das in der vorliegenden Studie präsentierte Untersuchungsmodell stellt einen Ansatz zur Untersuchung der Wirkung einer Luxusmarke in einem Co-Branding mit modifiziertem Produkt der Partnermarke dar. Eine Untersuchung dieses Co-Branding-Typs ergab sich durch immer häufiger auftretende Kooperationen dieser Form in der Praxis. Hierzu wurde das Modell von Simonin/Ruth (1998), welches den höchsten Allgemeinheitsgrad im Rahmen der Co-Brand-Forschung besitzt, als Grundmodell herangezogen und mit den Konstrukten Transferfit, Preisbereitschaft und Kaufabsicht ergänzt.[399] Somit konnte erstmalig ein Modell, das die Wirkung einer Luxusmarke in einem Modifikations-Co-Branding untersucht, erstellt werden. In diesem Rahmen bietet das präsentierte Modell einige Ansatzpunkte für die weitere Forschung.

[399] Vgl. Kapitel 3.

Zunächst ist zu erwähnen, dass die Ergebnisse von Simonin/Ruth (1998) auch im vorliegenden Modell bestätigt werden konnten. Jedoch ergab sich durch theoretische Überlegungen und der Durchsicht der Literatur eine unterschiedliche Konstellation im Vergleich zum Modell von Simonin/Ruth (1998). Entgegen der Ansicht der Autoren konnte bezüglich der Konstellation des Produktfits die Sichtweise von Baumgarth (2003a) bestätigt werden.[400] Demnach ergibt sich eine stärkere und logischere direkte Wirkung des Produktfit auf die Markenkongruenz. Die bisherige Sichtweise, der Produktfit würde parallel mit der Markenkongruenz direkt die Co-Brand-Beurteilung beeinflussen sollte für die zukünftige Co-Brand-Forschung eher vernachlässigt werden. Stattdessen ist der Produktfit für die allgemeine Co-Branding-Forschung als Variable zu betrachten, welche die Markenkongruenz beeinflusst. Der Einfluss des Produktfit erklärte in diesem Modell fast zur Hälfte die Markenkongruenz. Da die Markenkongruenz in dieser, aber auch in anderen Co-Branding-Arbeiten eine zentrale Rolle einnimmt[401], sollte dieses Konstrukt noch genauer erforscht werden, um dadurch auch die restlichen Einflussgrößen zu ermitteln. Somit könnten für die Praxis hilfreiche Implikationen für die Partnerwahl abgeleitet werden.

Eine besondere Bedeutung für das vorliegende Modell des Modifikations-Co-Branding hat das Konstrukt Transferfit. Abweichend zu den bisherigen Ergebnissen in der Forschung wurden für die beiden Transferfits jeweils unterschiedliche Wirkungen festgestellt. Der Transferfit der Modifikationsmarke hatte einen Einfluss auf das Co-Brand-Image, der Transferfit der Luxusmarke hingegen wirkte sich mit einem starken Einfluss direkt auf die Kaufabsicht aus. In bisherigen Forschungen wurde der Transferfit beider Marken als Einflussvariable auf die Co-Brand-Beurteilung betrachtet.[402] Die Ergebnisse dieser Studie widerlegen diese Sichtweise nicht – sie hat für die meisten Co-Branding-Typen Gültigkeit. Jedoch verdeutlicht die vorliegende Untersuchung erstmals,

[400] Vgl. Kapitel 3.1.4 und Baumgarth (2003a), S. 376.
[401] Vgl. Park/Jun/Shocker (1996); Simonin/Ruth (1998); Baumgarth (200b); Baumgarth (2003a).
[402] Vgl. Baumgarth (2003a), S. 373 f.

dass ein Co-Branding, indem eine Modifikation des Produktes von einer der Partnermarken durch eine Luxusmarke stattfindet, eine andere Wirkungs-Konstellation bezüglich der Transferfits aufweist. Für die zukünftige Forschung ist es wichtig anhand von weiteren Untersuchungen zu prüfen, ob dieser Wirkungszusammenhang auch für andere Co-Brandings mit einer Produktmodifikation gilt – oder ob es nur für Produktmodifikationen mit Luxusmarken und somit nur für diesen spezifischen Fall bestätigt werden kann.

Mit dem Konstrukt Kaufabsicht wurde das ökonomisch relevante Verhalten berücksichtigt, was in der bisherigen Co-Branding-Forschung sehr selten der Fall war. Für das vorliegende Co-Branding wurden das Co-Brand-Image und der Transferfit der Luxusmarke als bestimmende Einflussgrößen festgestellt; für zukünftige Untersuchungen sollte dieses Konstrukt eine relevante Rolle besitzen, da sie den Erfolg des Co-Brandings widerspiegelt.

In dieser Studie erfolgte eine kurzfristige Betrachtung der Spill-Over-Effekte, da die Probanden in dem Fragebogen ihre Eindrücke sofort mit dem ersten Kontakt angeben mussten. Es konnte somit keine Zeitraumbetrachtung auf mögliche dynamische Spill-Over-Effekte stattfinden; weitere Studien könnten Untersuchungen über die langfristigen Auswirkungen eines Co-Brandings auf das Co-Brand-Image und die Ausgangsmarken untersuchen. Von besonderem Interesse wäre, ob sich diese Strategie für Luxusmarken langfristig lohnt. Hierbei könnte eine Analyse über die Umsatz- und Gewinnentwicklung im Vergleich zu der Markenwert- und Imageentwicklung erfolgen. Weiterhin könnten die Wirkungen einer Vielzahl von Co-Brands einer Modifikationsmarke mit verschiedenen Luxusmarken, also Multi-Co-Brands, genauer untersucht werden.[403] In diesem Zusammenhang wäre es sehr interessant die Markenverwässerung als negative Auswirkung einer solchen Strategie zu erforschen.

[403] Wie zum Beispiel Puma, die ihre Schuhe von unterschiedlichen Luxusmarken designen lassen; vgl. hierzu Kapitel 2.3.

Weitere Ergänzungen der Co-Brand-Forschung können sich auf zusätzliche Markierungsparameter, wie zum Beispiel die Wirkung durch Bildung eines neuen Markennamens oder eines neuen Markenlogos für das Co-Brand, richten. Da das hier präsentierte Co-Branding-Modell aus Sicht der Luxusmarke einer Markentransferstrategie sehr nahe kommt, könnte die zukünftige Forschung auch eine Vergleichsuntersuchung zwischen Markentransfer und Co-Branding durchführen, um die Situation zu bestimmen, in der einer der beiden Optionen erfolgsversprechender ist. Daraus könnte für die Marketingpraxis ein Kriterienkatalog entwickelt werden, anhand dessen das Management eine Entscheidung treffen kann, welche Strategie in welcher Situation zu präferieren ist. Auch wäre es von Vorteil, wenn im Rahmen des Co-Branding zukünftige Arbeiten vorhandene Technologien, wie etwa Scoring-Modelle, Expertensysteme und Conjoint-Analysen, auf das Problemfeld adaptieren würden.[404] Aus diesem Grund bieten technologische Aussagen ein weiteres zukünftiges Forschungsfeld im Zusammenhang mit der Co-Branding-Strategie.

[404] Vgl. Baumgarth (2003a), S. 405.

5 Schlussbetrachtung und Ausblick

Im Zuge der Erweiterungspolitik vieler Luxuslabels nehmen sich immer mehr Hersteller von Luxusgütern der Strategie des Co-Branding an. Hierbei suchen sie für ihre Kooperation meist starke, bekannte und kompetente Marken aus dieser Produktkategorie. In diesem Rahmen erfolgt die Zusammenarbeit meist nach dem Muster, dass in das bekannte Produkt der Marke eine für die Luxusmarke typische Kompetenz und Leistung einfließt. Aufgrund der zunehmenden Relevanz von solchen Co-Brands in diesem Sektor interessieren die Wirkungszusammenhänge und somit die Erfolgsfaktoren für solch eine Kooperation. Außerdem kommt der Ermittlung der Auswirkungen auf die beteiligten Einzelmarken eine große Bedeutung zu.

Im Hinblick auf die Wirkungen in einem Co-Branding mit dieser Marken- und Produktkategoriekonstellation ermangelt es bislang allerdings an Forschungsergebnissen. Vor diesem Hintergrund sollten im Rahmen dieser Untersuchung wichtige Determinanten ermittelt und ihre Wirkungen auf das Co-Brand-Image, auf die Post-Images der Marken und Luxusmarken und auf die Kaufabsicht untersucht werden. Hierzu wurde ein Modell entwickelt, das für die beschriebene Co-Branding- Situation die Bildung des Co-Brand-Images erklärt und zusätzlich die Spill-Over-Effekte auf die Ausgangsmarken betrachtet. Ferner wurde das entwickelte Modell anhand von empirischen Daten überprüft. Hierbei bestätigten sich die meisten der im Rahmen des Modells postulierten Hypothesen.

Als direkte Einflussgröße der Co-Branding-Beurteilung konnten die Pre-Images der Marke und der Luxusmarke, die Markenkongruenz, die Preisbereitschaft und der Transferfit der Modifikationsmarke identifiziert werden. Das Pre-Image der Luxusmarke zeigte in diesem Modifikations-Co-Branding den höchsten Einfluss auf das Co-Brand. Die Markenkongruenz übt den zweithöchsten Einfluss aus; für diese Variable konnte nachgewiesen werden, dass sie durch den Produktfit determiniert wird. Weiterhin konnte gezeigt werden, dass die Markenkongruenz die Transferfits der beteiligten Marken beeinflusst. Die Wirkungszusammenhänge gestalten sich wie folgt: Der Transferfit der Luxusmarke wirkt direkt auf die Absicht des Konsumenten das Co-Brand-Produkt zu kaufen; der Transferfit der Marke aus der angestammten Produktkategorie beeinflusst das Co-Brand-Image. Dieser Unterschied ergibt sich einerseits aus der starken Nähe der Marke zu der Produktkategorie des Co-Brands und andererseits daraus, dass die Produktkategorie des Co-Brands für die Luxusmarke neu ist. Zusätzlich konnte die Erkenntnis gewonnen werden, dass eine hohe Preisbereitschaft gegenüber einer Luxusmarke auch auf das Co-Branding übertragen wird, an dem diese Luxusmarke beteiligt ist.

Bei der Betrachtung der Ergebnisse war ein Einfluss des Co-Brand-Images auf die Ausgangsmarken identifiziert offensichtlich. Das Pre-Image der Einzelmarken beeinflusst jeweils das eigene Post-Image. Zusätzlich konnte aufgezeigt werden, dass das Pre-Image der Modifikationsmarke das Post-Image der Luxusmarke beeinflusst. Obwohl die Post-Images der Marken jeweils stark vom eigenen Pre-Image abhängen, wurde aus den Ergebnissen deutlich, dass ein hoher Einfluss auf die Ausgangsmarken durch ein Co-Branding dieser Art existiert. Dabei ist ein Modifikations-Co-Branding für die Modifikationsmarke in Bezug auf einen Imagegewinn vorteilhafter als für die Luxusmarke.

Für zukünftige Forschungsbemühungen auf diesem Gebiet ergeben sich einige wesentliche Ansatzpunkte. Eine zentrale Bedeutung kommt der Identifikation der relevanten Einflussgrößen der Markenkongruenz zu, um dadurch eine bessere Auswahl von kongruenten und sich ergänzenden Marken treffen zu können. Untersuchungen bezüglich des Transferfits sollen Aufschluss darüber geben, ob die hier vorgestellte unterschiedliche Wirkung des Transferfits der beiden Marken auch Gültigkeit für Modifikations-Co-Brandings besitzt. Weiterhin sollte der Einfluss der Preisbereitschaft im Zusammenhang mit der

Luxusmarke transparenter gemacht werden. Zusätzlich sollte die Erforschung der Einflüsse auf die Ausgangsmarken vorangetrieben und in diesem Zusammenhang die langfristigen Auswirkungen untersucht werden. Mit Hilfe dieser Erkenntnisse kann die Entscheidung des Luxusmarkenmanagement für oder gegen ein Modifikations-Co-Branding erleichtert werden.

Huber, F. (2004): Erfolgsfaktoren von Markenallianzen. Analyse aus der Sicht des strategischen Markenmanagements, Wiesbaden 2004.

Huber, F./Herrmann, A./Kressmann, F./Vollhardt, K. (2004): Zur Eignung von kovarianz- und varianzbasierten Verfahren zur Schätzung komplexer Strukturgleichungsmodelle, Arbeitspapier, 2004.

Huber, F./Regier, S./Vollhardt, K./Matthes, I. (2005): Sportsponsoring effektiv einsetzen: Zu den Auswirkungen von Sponsoringmaßnahmen auf Einstellung und Kaufabsicht der Verbraucher, Wissenschaftliches Arbeitspapier des Center of Market-Oriented Product and Production Management an der Universität Mainz, Mainz 2005.

Hulland, J. S. (1999): Use of Partial Least Squares (PLS) in Strategic Management Research: A Review of Four Recent Studies, in: Strategic Management Journal, Vol. 20, February, S. 195–204.

Hüttermann, M. U. (1991): Chancen und Risiken des Co-Branding, Hamburg 1991.

Hüttner, M. (1997): Grundzüge der Marktforschung, 5.Auflage, München/Wien.

Janiszewski, C./Kwee, L./Meyvis, T. (2001): Brand Alliances, Arbeitspapier der University of Florida, Florida.

Janiszewski, C./Osselaer, S. M. J. v. (2000): A Connection Model of Brand Quality Associations, in: Journal of Marketing Research, Vol. 37, No. 3, S. 331-350.

Jarvis, C. B./ MacKenzie, S. B./Podsakoff, P. M. (2003): A critical Review of Construct Indicators and Measurement Model Misspecification in Marketing and Consumer Research, in: Journal of Consumer Research, Vol. 30, September, S. 199-218.

Jäckel, M./Kochhan, C. (2000): Notwendigkeit und Luxus. Ein Beitrag zur Geschichte des Konsums, in: Rosenkranz, D./Schneider, N.F. (Hrsg.): Konsum: soziologische, ökonomische und psychologische Perspektiven, Opladen, S. 73-93.

Jöreskog, K. G./Sörbom, D. (1978): LISREL IV: Analysis of Linear Structural Relationship by the method of Maximum Likelihood, Chicago 1978.

Jöreskog, K. G./Sörbom, D. (1981): LISREL V: Analysis of Linear Structural Relationship by the method of Maximum Likelihood, Chicago 1978.

Jöreskog, K. G./Sörbom, D. (1993): LISREL 8: Structural Equation Modeling with the SIMPLIS Command Language, Chicago 1993.

Kambli, C. W. (1890): Der Luxus nach seiner sittlichen und sozialen Bedeutung, Frauenfeld 1890.

Kapferer, J.- N. (1992): Die Marke – Kapital des Unternehmens, Landsberg/Lech 1992.

Kapferer, J.- N. (2001): Luxusmarken, in: Esch, F.-R. (Hrsg.): Moderne Markenführung: Grundlagen, innovative Ansätze, praktische Umsetzungen, 3. erweiterte Auflage, Wiesbaden 2001, S. 345-365.

Karmasin, H. (1998): Produkte als Botschaften, 2. Auflage, Wien 1998.

Keller, K. L. (1993): Conceptualizing, Measuring, and Managing Customer-Based Brand Equity, in: Journal of Marketing, Vol. 57, January, S. 1-22.

Keller, K. L. (1998): Strategic Brands Management, Upper Saddle River 1998.

Kewes, T. (2006): Grenzenloser Luxus, in: Handelsblatt vom 16.02.2006.

Kisabaka, L. (2001): Marketing für Luxusprodukte, in: Koppelmann, Udo (Hrsg.): Beiträge zum Produkt-Marketing, Bd. 32, Fördergesellschaft Produkt-Marketing e.V. 2001.

Kluge, F. (1975): Etymologisches Wörterbuch der deutschen Sprache, Berlin 1975.

Kniehl, A./Tochtermann, T. C. A./Wenig, J. O. (2002): Wachstumsstrategien für Hersteller von Luxusgütern, in: Akzente, Nr. 25, September, S. 10-15.

Kniehl, A. (2003): Wachstumsstrategien für Luxusgüterunternehmen, McKinsey&Company, 09. Juli, Berlin.

Knoblich, H. (1969): Zwischenbetriebliche Kooperation, in: ZfB, 30. Jg. (1969), S. 497-514.

Koch, J. (2004): Marktforschung. Begriffe und Methoden, 4. Auflage, München 2004.

Koppe, P. (2003): Handelsmarken und Markenartikel: Wahrnehmungsunterschiede aus der Sicht der Marktteilnehmer, Wien 2003.

Kroeber-Riel, W./Weinberg, P. (1999): Konsumentenverhalten, 7. Auflage, München 1999.

Kroeber-Riel, W./Weinberg, P./Gröppel-Klein, A. (2008): Konsumentenverhalten, 9. Auflage, München 2008.

Kurz, K./Prüfer, P./Rexroth, M. (1999): Zu Validität von Fragen in statistischen Erhebungen. Ergebnisse des Einsatzes eines kognitiven Pretestinterviews, in: ZUMA-Nachrichten 1999, S. 83-107.

Lafferty, B. A./Goldsmith, R. E. (1999):Corporate Credibility's Role in Consumers' Attitudes and Purchase Intentions When a High versus a Low Credibility Endorser is Used in the Ad, in: Journal of Business Research, Vol. 44, S. 109-116.

Lafferty, B. A./Goldsmith, R. E./Hult, G. T. M. (2004): The Impact of the Alliance on the Partners: A Look at Cause-Brand Alliances, in: Psychology & Marketing, Vol. 21, No. 7, S. 509-531.

Lasslop, I. (2002): Identitätsorientierte Führung von Luxusmarken, in: Meffert, H./Burmann, C./Koers, M. (Hrsg.): Markenmanagement. Grundfragen der identitätsorientierten Markenführung, 1. Auflage, Wiesbaden 2002, S. 327-352.

Lasslop, I. (2005): Identitätsorientierte Führung von Luxusmarken, in: Meffert, H./Burmann, C./Koers, M. (Hrsg.): Markenmanagement. Identitätsorientierte Markenführung und praktische Umsetzung, 2.Auflage, Wiesbaden 2005, S. 470-491.

Leitherer, E. (1955): Die Entwicklung der modernen Markenformen, in: Der Markenartikel, 17. Jg., Heft 11, S. 539-566.

Levin, A. M./Davis, J./Levin, I. (1996): Theoretical and Empirical Linkages Between Consumers' Responses to Different Branding Strategies, in: Advances in Consumer Research, 23. Jg., S. 296- 300.

Levin, I./Levin, A. M. (2000): Modelling the Role of Brand Alliances in the Assimilation of Product Evaluations, in: Journal of Consumer Psychology, Vol. 9. No. 1, S. 43-52.

Lichtenstein, D. R./Ridgway, N. M./Netemeyer, R. G. (1993): Price Perceptions and Consumer Shopping Behavior: A Field Study, in: Journal of Marketing Research, Vol. 30, No. 2, S. 234-245.

Lindemann, J. (1999): Creating Economic Value Through Co-Branding, in: Blackett, T./Boad, B. (Hrsg.): Co-Branding – The Science of Alliance, Houndmills 1999, S. 97-112.

Linn, N. (1989: Die Implementierung vertikaler Kooperationen, Diss., Frankfurt u.a. 1993.

Lohmöller, J. B. (1984): LVPLS 1.6 program manual: Latent variables path analysis with partial least squares estimation, Köln 1984.

MacKenzie, S. B./Lutz, R. J./Belch, G. E. (1986): The Role of Attitude Toward the Ad as a Mediator of Advertising Effectiveness: A Test of Competing Explanations, in: Journal of Marketing Research, Vol. 23, Mai 1986, S. 130-143.

Marbach, F. (1947): Luxus und Luxussteuer, Bern 1947.

Mazzalovo, G. (2003): Neue Wege zum Wachstum, in Absatzwirtschaft Sonderheft, Dossier Luxus-Marketing, S. 84-91.

McAlexander, J. H./Kim, S. K./Roberts, S. D. (2003): Loyalty: The Influences of Satisfaction and Brand Community Integration, in: Journal of Marketing Theory and Practice, Vol. 11, Issue 4, S. 1-11.

McCarthy, M. S./Norris, D. G. (1999): Improving Competitive Position Using Branded Ingredients, in: Journal of Product and Brand Management, Vol. 8. No. 4. S. 267-285.

McKinsey&Company (1990): The Luxury Industry: An Asset for France, Paris.

Meffert, H./Heinemann, G. (1990): Operationalisierung des Imagetransfers, in: Marketing Zeitschrift für Forschung und Praxis, Nr.1, 1.Quartal, S. 5-10.

Meffert, H./Burrmann, C. (1996): Identitätsorientierte Markenführung, in: Markenartikel, 58. Jg., S. 373-380.

Meffert, H. (2000): Marketing – Grundlagen marktorientierter Unternehmensführung, Konzepte – Instrumente – Beispiele, 9. Auflage, Wiesbaden 2000.

Meffert, H./Lasslop, I. (2003): Luxusmarkenstrategie, Arbeitspapier Nr. 164, Wissenschaftliche Gesellschaft für Marketing e.V., Münster.

Reddy, S. K./Holak, S. L./Bhat, S. (1994): To Extend or Not to Extend: Success Determinants of Line Extensions, in: Journal of Marketing Research, Vol. 31, No. 5, S. 243-262.

Ringle Ch. M. (2004): Messung von Kausalmodellen – Ein Methodenvergleich, Arbeitspapier Nr.14 des Instituts für Industriebetriebslehre und Organisation, Universität Hamburg 2004.

Rosch, E/Mervis, C. B./Gray, W. D./Johnson, D. M./Boyes-Bream, P. (1976): Basic objects in natural categories, in : Cognitive Psychology, 8. Jg, H. 2, S. 382-439.

Rossiter, J. (2002): The C-OAR-SE Procedure for Scale Development in Marketing, in: International Journal of Research in Marketing, Vol. 19, S. 305-335.

Rotering, C. (1993): Zwischenbetriebliche Kooperation als alternative Organisationsform, Stuttgart 1993.

Rueckert, R. W./Rao, A. R./Benavent, C. (1994): Alliances de Marques, in: Décisons Marketing, o. Jg., Nr. 1, S. 35-45.

Ruttenberg, A./Kavitzky, A./Oren, H. (1995): Compositioning, in: Journal of Brand Management, 3. Jg., Heft 3, S. 169-176.

Salcher, E. F. (1995): Psychologische Marktforschung, 2. Auflage, Berlin, New York 1995.

Samu, S./Krishnan, H. S./Smith, R. E. (1999): Using Advertising Alliances for New Product Introduction, in: Journal of Marketing , Vol. 63, No. 1, S. 57-74.

Sander, M. (1994): Die Bestimmung und Steuerung des Wertes von Marken. Eine Analyse aus Sicht des Markeninhabers, Heidelberg 1994.

Schneider, D. J. G. (1973): Unternehmensziele und Unternehmenskooperation, Wiesbaden 1973.

Schwaldt, Norbert (2011): London schlägt Paris und Berlin bei Luxusmarken, in: Welt online, 8.7.2011, URL: http://www.welt.de/finanzen/immobilien/article13476064/London-schlaegt-Paris-und-Berlin-bei-Luxusmarken.htl

Schweiger, G./Schrattenecker, G. (1995): Werbung, 4. Auflage, Stuttgart/Jena/New York 1995.

Seel, N. M. (2003): Psychologie des Lernens, 2. Auflage, München, Basel 2003.

Sethuraman, R. (2000): What Makes Consumers Pay More for National Brands Than for Store Brands: Image or Quality?, MSI Working Paper, Report No. 110.

Sheth, J./Parvatiar, A. (1992): Towards a Theory of Business Alliance Formation, in: Scandinavian International Business Review, Vol. 1, No. 3, S. 71-87.

Shocker, A. D. (1995): Positive and Negative Effects of Brand Extensions and Co-Branding, in: Advances in Consumer Research, 22. Jg., S. 432-434.

Simonin, B. L./Ruth, J. A. (1998): Is a Company Known by the Company it Keeps?, in Journal of Marketing Research, Vol. 35, S. 30-42.

Smit, M. (1999): Ingredient Branding, in: Blacket, T./Boad, B. (Hrsg.): Co-Branding – The Science of Alliance, Houndmills 1999, S. 66-83.

Sombart, W. (1996): Liebe, Luxus und Kapitalismus: Über die Entstehung der modernen Welt aus dem Geist der Verschwendung, 4.-5. Tausend, Berlin 1996 (erste Auflage 1912 in Leipzig).

Sommerlad, T. (1925): Luxus, in: Elster, L./Weber, A./Wieser, F. (Hrsg.): Handwörterbuch der Staatswissenschaften, Bd. 6: Kriminalstatistik-reklamesteuer, Jena, S. 445-454.

Spethmann, B./Benezra, K. (1994): Co-Brand or be damned, in: Brandweek, o. Jg., Heft. 21, S. 21-24.

Starsetzki, T. (2001): Rekrutierungsformen und ihre Einsatzbereiche, in: Theobald, A./Dreyer, M./Starsetzki, T. (Hrsg.): Online-Marktforschung, Wiesbaden 2001, S. 41-53.

Stewart, A. L. (1995): Cobranding just starting in Europe, in: Marketing News, 29. Jg. (1995), Heft 4, S. 5.

Stuke, G. (1974): Zwischenbetriebliche Kooperation im Absatzbereich von Industriebetrieben ,Frankfurt, Zürich 1974.

Sujan, M./Bettmann, J. R. (1989): The Effects of Brand Positioning Strategies on Consumer's Brand and Category Perceptions, in: Journal of Marketing Research, 26. Jg., Heft 4, S. 454-467.

Till, B. D./ Shimp, T. A. (1998): Endosers in Advertising, in: Journal of Advertising, 27. Jg., Heft 1, S. 67-82.

Trommsdorff, V. (2009): Konsumentenverhalten, 7. Auflage, Stuttgart 2009.

Trommsdorff, V. (1998): Konsumentenverhalten, 3. Auflage, Stuttgart 1998.

Twitschell, J. B. (2002): Living it up: America's Love Affair with Luxury, New York et al. 2002.

Valtin, A. (2005): Der Wert von Luxusmarken: Determinanten des konsumorientierten Markenwerts und Implikationen für das Luxusmarkenmanagement, Wiesbaden 2005.

Vaidyanathan, R./Aggarwal, P. (2000): Strategic Brand Alliances: Implications of Ingredient Branding for National an d Private Brands, in: Journal of Product and Brand Management, Vol. 9, No. 4, S. 214-226.

Veblen, T. (1998): The Theory of the Leisure Class, Amherst, NY 1998 (erste Auflage 1899 in New York).

Venkatesh, R./Mahajan, V. (1997): Products with Branded Components, in: Marketing Science, Vol. 16, No. 2, S. 146-165.

Venkatesh, R./Mahajan, V./Muller, E. (2000): Dynamic Co-marketing Alliances, in: International Journal of Research Marketing, Vol. 17, No. 1, S. 3-21.

Vershofen, W. (1940): Handbuch der Verbraucherforschung, Band 1, Berlin 1940.

Vishwanath, V./Mark, J. (1997): Premiummarken richtig führen, in Harvard Business Manager, Nr. 4/1997, S. 31-38.

Voss, K. E./Tansuhaj, P. (1999): A Consumer Perspective on Foreign Market Entry, in: Journal of International Consumer Marketing, Vol. 11, No. 2, S. 39-58.

Wachendorf, F./Baumgarth, C. (2002): Preisbereitschaften und Kaufabsichten für Co-Brands, Arbeitspapier des Lehrstuhls für Marketing der Universität Siegen, Siegen 2002.

Washburn, J. H. (1999): An Evaluation of Co-Branding, Diss., Ann Arbor 1999.

Washburn, J. H./Till, B. D./Prilluck, R. (2000): Co-Branding, in: Journal of Consumer Marketing, Vol. 17, No. 7, S. 591-604.

Washburn, J. H./Till, B. D./Prilluck, R. (2004): Brand Alliance and Customer-Based Brand-Equity Effects, in: Psychology & Marketing, Vol. 21, No. 7, S. 487-508.

Walchi, S. B./ (1996): The Effects of Between Partner Congruity on Consumer Evaluation of Co-Branded Products, Diss., Evanston 1996.

Walchi, S. B./Carpenter, G. S./tybout, A. M. (1997): The Effects of Between Partner Congruity on Consumer Evaluation of Co-Branded Products, unveröffentlichtes Arbeitspapier, o.O. 1997.

Wiezorek, H./Wallinger, A. (1997): Wachstum mit Gewinn, Stuttgart, Frankfurt 1997.

Wiswede, G./Groß-Engelmann, M. (1999): Gfk-Trendsensor Konsum, Nürnberg 1999.

Young, R. F./Greyser, S.A. (1983): A Quantitative Review of Research Design Effects on Response Rates to Questionaires, in: Journal of Marketing Research, 20. Jg., H. Feb., S. 36-44.

Zatloukal, G. (2002): Erfolgsfaktoren von Markentransfers, Dissertation, Wiesbaden 2002.

Zerr, K. (2001): Online-Marktforschung, in: Theobald, A./Dreyer, M./Starsetzki, T. (Hrsg.): Online-Marktforschung, Wiesbaden 2001, S. 7-26.

Zhou, Z./Nakamoto, K. (2001): Price Perceptions: A Cross-national Study between American and Chinese Young Consumers, in: Advances in Consumer Research, Vol. 28, Issue 1, S. 161-168.

Zimbardo, P. G. (1995): Psychologie, 6. Auflage, Berlin u.a. 1995.

Zimbardo, P. G./Gerrig, R. J. (2004): Psychologie, 16. Auflage, München/Boston/ San Francisco 2004.